Study of Industrial Culture
2023 Special

2023 年
特 辑

工业文化研究

华中师范大学的 120 年
与中国工业文化

主编 ⊙ 彭南生 严鹏

中国出版集团 东方出版中心

图书在版编目（CIP）数据

工业文化研究. 2023 年特辑：华中师范大学的 120 年
与中国工业文化 / 彭南生，严鹏主编. —上海：东方
出版中心，2023.10
　　ISBN 978 - 7 - 5473 - 2272 - 7

　　Ⅰ. ①工…　Ⅱ. ①彭… ②严… 　Ⅲ. ①工业—文化遗
产—研究　Ⅳ. ①T - 05

中国国家版本馆 CIP 数据核字（2023）第 175906 号

工业文化研究·2023 年特辑：华中师范大学的 120 年与中国工业文化

主　　编　彭南生　严　鹏
策　　划　刘　鑫
责任编辑　刘　军
封面设计　钟　颖

出 版 人　陈义望
出版发行　东方出版中心
地　　址　上海市仙霞路 345 号
邮政编码　200336
电　　话　021 - 62417400
印 刷 者　上海颛辉印刷厂有限公司

开　　本　710mm×1000mm　1/16
印　　张　11
字　　数　142 千字
版　　次　2023 年 10 月第 1 版
印　　次　2023 年 10 月第 1 次印刷
定　　价　78.00 元

本书编委会

目　录

卷首语

彭南生

2023 年 10 月 2 日，华中师范大学迎来 120 年华诞，中国工业文化研究中心特将 2023 年《工业文化研究》定为校庆特辑，主题为"华中师范大学的 120 年与中国工业文化"。

华中师范大学有三个前身。其一为华中大学。1903 年，文华书院大学部成立，是为华中师范大学历史的开端。1909 年 5 月，文华书院改名文华大学校，并将武昌博文书院和汉口博学书院的大学预科班并入。1924 年 9 月，华中大学在原文华大学校址上成立。新中国成立后，私立华中大学改为公立华中大学。其二为中华大学。1912 年，中华学校于中华学堂原址挂牌复办。1913 年 4 月，中华学校更名为私立武昌中华大学，这是中国近代教育史上最早的私立大学。其三为中原大学。1948 年 8 月，中国共产党创立中原大学；1949 年 12 月，中原大学教育学院正式成立，1950 年增设教育系和俄文系，该学院后来并入公立华中大学。1952 年，中华大学的化学系、国文系、教育系及湖北省教育学院等并入公立华中大学，华中大学更名为华中高等师范学校。1953年 10 月，华中高等师范学校定名为华中师范学院，这一年 12 月底，新校区在桂子山建设动工。1985 年，经国家教育委员会批准，华中师范学院更名为华中师范大学，邓小平同志亲笔题写校名。华中师范大学由三个前身组成，汇聚了传统文化、近代文化、红色文化的不同血脉，融合了民族性、现代性、革命性与开放性。

在 120 年的风雨历程中，华中师范大学与中国工业文化结下了不解之缘。中华大学培养的学生恽代英，是最早鼓吹工业化的中国共产党早期领导人之一，在时代的论战中捍卫了初生的中国工业文化。中华大学的另一位学生王亚南，在时代的风浪中成长为马克思主义经济学家，与郭大力一起翻译《资本论》，对中国的工业化提出了自己的理论。华中师范大学的老校长章开沅，在改革开放初期率先研究中国工业化的先驱张謇，弘扬了企业家精神这一工业文化的重要内涵，其晚年也非常关心工业文化事业，嘱咐要为工业文化研究机构"招兵买马"。2014 年，华中师范大学率先开设工业文化课程"工业文化与工业旅游"。在前期理论研究积累的基础上，2017 年 1 月，华中师范大学与工信部工业文化发展中心联合成立了中国工业文化研究中心，为全国高校首家工业文化研究机构，由彭南生担任主任，严鹏、孙星担任副主任，成员包括魏伟、刘中兴、邵彦涛等，并于同年创办集刊《工业文化研究》。华中师范大学中国工业文化研究中心成立后，从科学研究、政策支持、社会服务、教书育人、国际合作等多方面推动了中国工业文化事业的发展。中心培养的学生刘玥、鲁风萍、陈文佳、秦梦瑶等，不仅参与了工业文化研学标准的制定工作，还在中学率先开设工业文化课程及开展相关活动。可以说，华中师范大学与中国工业文化渊源之深厚，在中国高校中是极为突出的，这也使我们决定编此校庆特辑。

2023 年校庆特辑分如下专栏：

校史名人与工业文化：

专栏收录 3 篇论文。严鹏的《恽代英与中国工业文化的早期发展》探讨了校友恽代英如何从母校吸收工业文化的养分及他对于中国工业文化的贡献。厦门大学的邱士杰是整理《王亚南全集》的专家，他的《小生产与工业化——郭大力与王亚南的中国经济改造论》对华中师范大学校友王亚南的工业化理论进行了探讨。严鹏与黄蓉撰写的《章开沅与工业文化：一个继承性学术纲领》较为全面地总结了章开沅的史学研究与工业文化的关系，并展示了学术的薪火相传。

工业文化理论与教育：

专栏收录 2 篇论文。华中师范大学中国工业文化研究中心与工信部工业文化发展中心在联合研究中提出了"文化定价权"这一原创性理论，魏伟、孙星的《产品定价权中的文化因素：理论与策略》对此进行了基本说明。陈文佳作为华中师范大学历史文化学院的毕业生，最早在国内中学开设以"工业文化"为名的选修课程，她的《工业文化融入高中历史教学的理论与实践》是对多年教学实践的一个理论总结。

企业家精神与企业史：

专栏收录 3 篇论文。鲁风萍的《工业报国：论马雄冠与中国企业家精神》以中国近代杰出的企业家马雄冠为例，探讨了中国式企业家精神。刘玥的《企业史普及的可能性及意义——〈企业史入门〉评介》介绍与分析了一部日本企业史入门教材，对中国将企业史研究纳入工业文化普及事业具有借鉴意义。张钰杰的《从大同机车厂看新中国轨道交通装备制造企业发展史》研究了中国中车旗下大同电力机车有限责任公司的发展史，对于认识新中国企业史提供了一个典型案例。

工业遗产保护与利用：

专栏收录 2 篇论文。工信部工业文化发展中心工业遗产研究所所长周岚系华中师范大学校友，她与陈畅合撰的《我国工业遗产保护利用政策研究》提供了政策制定部门的视角。日本京都大学的关艺蕾本科毕业于华中师范大学历史文化学院，长期承担华中师范大学中国工业文化研究中心与日本世界遗产级工业遗产富冈制丝厂合作的沟通工作，她撰写的《地区性工业遗产的保护与开发——日本富冈制丝厂的申遗之路》发挥了其专长，对中国工业遗产申报世界遗产具有参考借鉴作用。

校史资料：

改革开放以来，华中师范大学历史文化学院、中国近代史研究所培养了大批硕博士，硕博士论文不少以工业史、手工业史为题材，增进了大众对工业文化的理解。文子曦、申宇整理的《华中师范大学历史学专业工业与手工业题材硕博士学位论文统计（1998—2022）》作为校史资料，在校庆特辑上刊发，别有纪念意义。

"雄关漫道真如铁，而今迈步从头越。"经历了 120 年沧桑巨变的华中师范大学，仍以旺盛的生命力在建设一流大学的道路上前进。华中师范大学也必将为中国工业文化做出新的贡献！

恽代英与中国工业文化的
早期发展

严　鹏*

摘要：华中师范大学前身之一的私立武昌中华大学在近代中国成为一个文化母体，推动着社会变革。毕业并曾任职于该校的恽代英，在母校既汲取了工业文化的养分，又传播了工业文化。恽代英加入中国共产党后，以论战的方式鼓吹中国应工业化，大大促进了中国工业文化的发展，而其设想的中国工业化的新道路，也为中国工业文化注入了新的内涵。

关键词：恽代英；工业文化；中华大学；工业化

恽代英是中国无产阶级革命家、中国共产党早期领导人，被周恩来誉为"中国青年热爱的领袖"。恽代英也是最早主张中国应工业化的中国共产党早期领导人之一，在中国工业文化的形成过程中占有重要地位。恽代英毕业于华中师范大学前身之一的私立武昌中华大学，曾任该校学报《光华学报》主编，毕业后又留校任中学部主任即附中校长。恽代英对工业文化的汲取离不开母校中华大学，又通过自己创造性的活动在母校传播了工业文化。此前学者的研究多在于揭示恽代英对于中国

---

* 严鹏，华中师范大学中国工业文化研究中心副主任。

工业化理论或新民主主义经济理论的思想贡献,① 部分学者探讨了恽代英经济思想的总体格局与演变路径。② 本文将从工业文化的角度出发来研究恽代英,并审视中华大学作为一种文化母体对于中国工业文化早期发展所起的作用。本文所界定的工业文化指的是一种主张发展工业与支持工业化的经济价值观,③ 这种观念对后发展国家并非一种不言自明的社会观念,需要人为塑造。恽代英及其母校中华大学,在中国历史上就发挥了塑造工业文化的作用。

一、作为文化母体的中华大学

大学在社会的知识创造与文化传承中扮演着重要角色。对于孕育新的思想或文化来说,大学往往是一种母体。包括大学在内的新式学校,在近代中国新文化形成与新思想传播中起着先锋作用。刘力研即指出,湖南第一师范学校所传播的新观念,影响了该校一批学生的观念和行动,使他们最终变成共产主义者。④ 创立于 1912 年的私立武昌中华大学及其附属的中学在很多方面就是一种文化母体,推动着近代中国的变革。

中华大学没有特别煊赫的起源,但在中国大学史上有着自己的特色,是中国第一家不依靠政府也不依靠外国人创办的私立大学。⑤ 中华大学的创办与发展跟教育家陈时的命运紧密相系。陈时别号叔澄,湖北黄陂人,生于 1891 年,1907 年留学日本,就读于日本庆应大学,深受

①　代表性成果如李天华、李良明:《恽代英在中国工业化思想史上的理论贡献》,《陕西师范大学学报(哲学社会科学版)》2015 年第 6 期;李天华:《关于恽代英〈中国可以不工业化乎〉一文的考证及解读》,《中国经济史研究》2012 年第 3 期;张荆红:《试论恽代英对新民主主义经济理论形成的历史贡献》,《理论月刊》2006 年第 6 期。
②　田子渝:《浅析恽代英的经济思想》,《中共党史研究》1996 年第 3 期;潘大礼:《论恽代英经济思想的演变路径》,《湖北第二师范学院学报》2013 年第 10 期。
③　详见严鹏:《工业文化的学理基础:对经济学史的分析》,《华中师范大学学报(人文社会科学版)》2022 年第 6 期。
④　刘力研:《红色起源:湖南第一师范学校与中国共产主义的创建(1903—1921)》,王毅译,开封:河南大学出版社,2019 年,第 5—7 页。
⑤　私立武昌中华大学校史组:《中华大学》,武汉:华中师范大学出版社,2003 年,第 1 页。

其创办者福泽谕吉的影响，回国后毁家兴学。1912 年，陈时利用父亲陈宣恺、伯父陈朴生的捐资，推动创办了私立武昌中华大学，取"振兴中华"之意。开办期间，陈家先后捐出田地 200 石、白银 3 000 两、官票 5 000 串以及家中藏书 3 000 余部。① 可以说，中华大学的创办本身就是一种现代教育理想的实践。中华大学的首任校长为陈宣恺，1917 年 11 月陈宣恺去世，由陈时继任校长。陈时本人缺乏高深的学问，其一生功业全在勉力维系中华大学的运营，但他苦心孤诣打造的这所学校，成为汇聚与传播新知识的空间，并衍生出其他新式组织，构成了一个文化母体。1937 年，中华大学的校刊《中华周刊》登载了陈时在该校成立 25 周年时的采访记录，陈时在接受记者访谈时称："大学为一个国家最高学府，作育人才的地方，它有启导社会思想，转移时代风尚，阐明学术，推进文化的功能……近代东西富强的国家，也都是有他的大学在做文化的基础，大学在一个国家的地位，其重要可想而知了。"② 以文化而求富强，可以说是陈时在中华大学办学的重要目标。

中华大学正式创立于 1912 年 5 月 13 日，最初名为"私立中华学校"，分设男女两部，当年 8 月开始招生就读，学生达到 700 余人。1913 年，私立中华学校呈请教育部改为大学，1915 年 3 月被教育部正式认可，以陈宣恺为学校法人代表，陈时为代理人。1915 年 7 月，中华大学政法别科和大学预科的学生攻读各自课程三年届满，考试及格，准予毕业，成为中华大学第一届毕业生，有恽代英、余家菊、刘元龙、江涛、王安源等 11 人。③ 1915 年 5 月 1 日，陈时用 5 万银圆创办了中华大学的校刊《光华学报》，取"光耀中华"之意，与校名相辅相成。在发刊词中，陈时写道："智力竞争，愈演愈剧，惟学术实左右之。黄金世界，学术造之也；铁血精神，学术教之也；蛮族之淘汰，学

① 陈庆中：《中华大学校长陈时的一生》，《武汉文史资料》1985 年第 2 辑，第 76—79 页。
② 私立武昌中华大学校史组：《中华大学》，第 81 页。
③ 私立武昌中华大学校史组：《中华大学》，第 3—4 页。

术挤之也；白皙之雄长，学术拥之也。学术足以铸文明，而思想又适以母学术。"① 这段以历史进化论为底色的话，强调了学术与思想对于社会发展的重要性，以此为依据创办大学校刊，就是有意识地要将中华大学打造为一个文化母体。1917 年，《光华学报》从第 4 期起由恽代英主编。陈时继任校长兼法人代表后，制定了"成德、达材、独立、进取"的校训，又创办了《中华周刊》，该刊为每周六出刊的 16 开 4 版校刊，报道学校一周大事、国内外新闻并刊登学术论文、校友消息等。陈时还扩充校内图书馆，建立借阅制度，面向社会开办平民夜校。在 1919 年的五四运动中，中华大学还创办了《学生周报》《新声》等刊物。② 中华大学的制度建设和人才培养，使其成为新文化运动和五四运动在武汉的重镇。

在组织的演化过程中，组织创办者的精神与偏好，是组织内部文化即价值观的重要来源。陈时的个人风格就影响着中华大学。陈时是一个脚踏实地的理想主义者。一方面，他自己甘愿过着简朴的生活，而将资源都投注于办学；另一方面，他始终从能力和资源的限度出发，为中华大学探索符合实际发展条件的道路。作为一个过渡时代的知识分子，陈时既有着近代留学生开风气之先的视野与魄力，又不乏传统儒家所推崇的经世抱负与力行品格。中华大学创办 20 周年时，陈时在纪念特刊上撰文称："回忆二十余年之经过，艰苦备尝，有时潜心默祷，有时梦寐呼天，每遇年关节序，辄惊心动魄，算到难谋之时，亦曾动自杀成仁之念，旋即觉为小丈夫懦怯之行，用以自制，仍……向前迈进。"③ 抗日战争时期，中华大学西迁重庆，陈时担任了国民参政员，在与周恩来的一次会见中，周恩来对陈时说："我从你的学生恽代英那里知道你是一位清苦的教育家！"④ 这个评价对陈时是恰如其分的。受制于创办人家

---

① 裴高才、陈齐：《中华大学校长陈时》，武汉：华中师范大学出版社，2022 年，第 87 页。
② 私立武昌中华大学校史组：《中华大学》，第 8—9 页。
③ 武昌中华大学武汉校友会编：《陈时先生诞辰一百周年暨中华大学创立八十周年纪念专集》，1992 年，第 5 页。
④ 陈庆中：《中华大学校长陈时的一生》，《武汉文史资料》1985 年第 2 辑，第 84 页。

族的家境，在私立中华大学的历史上，资源匮乏的问题始终难以解决。1918 年 7 月 9 日，恽代英即在日记中写道："母校缺少之人才三种：一教大学部专门之人才，中学理科之人才，办课外事领袖之人才。如此三种人才得所供给，则母校可完全改良矣。"① 一直到后期，中华大学仍然存在着教务处处长严绂苹亲自去老师缺课的附中班上代课的情况。② 然而，在资源匮乏的条件下，中华大学形成了一种踏实苦干的校园文化，弥补了其资源匮乏的欠缺，也塑造了其学生勇于任事的品格。1918 年 6 月 21 日，恽代英在日记中记录了母校的精神："雯初（廖焕星，武昌外国语专门学校学生，中共早期党员）言，我校人有一种勇于作事之特别精神，此甚足为我校人荣。未始非互助社成效显著，而仁社我校分子必多占上风之所致也……终何以保此令誉，以为母校争此光荣耶。"③ 中华大学校园文化塑造的"勇于作事"的精神，使这所学校在中国近代史上发挥的作用，超越了其在近代中国高校等级体系中并不算高的地位。

中华大学作为文化母体发挥作用，主要依靠的是它的学生。从工业文化的角度看，中华大学与工业文化关联性最大的毕业生，包括恽代英与经济学家王亚南。1938 年 4 月，王亚南受邀回中华大学发表题为《第二期抗战与国际形势》的演讲，他在开场白里说："……兄弟在十年前，承校长、严教务长及各位先生的培植，献身社会，幸无大过，今天兄弟以校友资格，来和同学谈谈'第二期抗战与国际形势'这个题目。"④ 王亚南在 1923 年考入中华大学教育系，毕业后即参加北伐军，投身国民大革命，大革命失败后流寓杭州，结识了郭大力，共同商定翻译《资本论》。1929 年王亚南东渡日本，在东京研究马克思主义经济学，

① 恽代英：《恽代英全集》第 2 卷，北京：人民出版社，2014 年，第 307—308 页。
② 胡起祥：《对我的母校——武昌中华大学的片断回忆》，武汉市人民政府参事室编：《爱我中华：纪念中华人民共和国成立四十周年》，1989 年，第 159 页。
③ 恽代英：《恽代英全集》第 2 卷，第 288 页。
④ 周挥辉、董中锋编著：《中华大学在重庆》，武汉：华中师范大学出版社，2020 年，第 39 页。

从事写作并开始翻译西方古典经济学。① 可以说，王亚南所受经济学教育并不特别规范，他是怀着救国热忱以实际行动踏上经济研究的道路的。这一人生道路却颇合中华大学"勇于作事"的精神，尤其反映出20 世纪 20 年代初期中华大学深度参与社会运动的校园文化的特色。1949 年，陈时曾不无自嘲地介绍中华大学："……人们把中华大学比为皮蛋和臭虫。用皮蛋说明中华大学外形不美，校舍简陋；用臭虫说明中华大学学生成批成批地毕业的多，繁殖快，学生就业的数量比重大……"② 很显然，中华大学不是那种符合 21 世纪某种"民国范"想象的民国大学，不具备精英气质。③ 但是，在那个风云变幻的过渡时代，中华大学依然是一个推动中国社会前行的文化母体。工业文化也是中华大学孕育与传播的新式文化之一。

二、中华大学时期的恽代英与工业文化

1895 年 8 月 12 日，恽代英生于湖北武昌，1913 年考入中华大学预科班学习。1914 年，年仅 19 岁的恽代英就在《东方杂志》上发表了《义务论》。1915 年，恽代英在中华大学的《光华学报》上发表《新无神论》，当年 6 月从中华大学预科毕业，9 月考入中华大学文科中国哲学门。1917 年恽代英应陈时聘请，出任《光华学报》主编，当年 10 月他组建成立了互助社，这是当时武汉地区最早的进步社团。1918 年 6 月，恽代英毕业于中华大学，又受陈时之聘，留校任中学部主任即附中校长，并教授国文、英文两科。1919 年 3 月，恽代英指导附中学生林

---

① 《王亚南生平事略》，《王亚南文集》编委会：《王亚南文集》第 1 卷，福州：福建教育出版社，1987 年，第 1 页。
② 吴先铭：《陈时与中华大学的几个片断》，《武汉文史资料》1983 年第 3 辑，第 121 页。
③ 民国时代武汉有三所重要的大学，即武汉大学、华中大学与中华大学，分别具有国立、教会与民办的背景，其区别或如陈时说的："武汉大学是用国家的钱替国家培养人才，华中大学是用美国教会的钱替美国培养人才，中华大学是用中国社会的钱替中国社会培养人才。"其中，中华大学办学条件最差，处境最为艰难。见康庆中：《中华大学校长陈时的一生》，《武汉文史资料》1985 年第 2 辑，第 80 页。

育南等创办《新声》半月刊，林育南后来也成长为中国共产党的早期领导人之一。五四运动期间，恽代英和林育南在武汉发动爱国运动。1920 年 1 月，恽代英辞去中华大学中学部主任职务，2 月和林育南、廖焕星等开办利群书社，传播马克思主义，当年秋在武昌大堤口创办了利群毛巾厂，11 月赴安徽宣城的安徽省立第四师范学校任教务主任。1921 年下半年，恽代英加入中国共产党。① 从恽代英的早期人生轨迹来看，1913—1919 年堪称他的"中华大学时代"，他既被中华大学培养成才，又主动参与塑造了同样年轻的母校。1920 年后，恽代英与中华大学的关系逐渐减弱，1922 年后，他很少在武汉活动，直到 1927 年才回到武汉，又因汪精卫背叛大革命而离汉。1930 年，恽代英牺牲于南京。

在"中华大学时代"，恽代英已经和工业文化产生了关联。工业文化的底色是现代科学，并具有社会进步的历史观，恽代英发表在《光华学报》第 1 期的《新无神论》已经体现了这两点。恽代英在文中称："昔者吾人乍见雷电之击人，则以为神主张之。今之略习物理者，则皆晓然以为无神矣……自世之有升降机，登高者固不梯而能升矣。自世之有汽船，航远者固不帆而能驶矣。凡昔之所以为不可信者，今则众目共见而不可诬。凡昔之所以为有神者，今则三尺童子，皆知其无神也。"②《光华学报》的最早三期，还连载过恽代英的《怀疑论》，其论大体与《新无神论》相近，而提倡创新的文明进化观："物质文明之进化，始于物理之发明，而发明之始基莫不起于疑世之不足论者为未必不足论，疑世之不足信者未必为不足信。"③ 恽代英所举的例子，也包括了发达国家的工业新技术，如飞艇："以欧洲之民，其所见奇技淫巧，日新月异，宜不泥于其耳目之见矣。然以德人，犹不能信徐柏林飞艇于未成功之先，即全欧各国亦莫不嘲为无希望之骨董修缮业。即今成功矣，然后

---

① 恽代英：《恽代英全集》第 9 卷，第 310—317 页。
② 恽代英：《恽代英全集》第 1 卷，第 11—12 页。
③ 恽代英：《恽代英全集》第 1 卷，第 19 页。

瞠然自笑向者之陋，则是其见亦无以异于乡里农夫也。"① 值得注意的
是，恽代英未尝出国，却能在武汉这一内陆腹地敏锐地搜寻国外新知，
同时并不对发达国家盲目崇拜，这对于他日后接受马克思主义是非常有
利的，也使他能坦然向发达国家学习工业文化而不自我矮化。中华大学
的校刊《光华学报》能刊登恽代英这种大胆质疑传统的文章，也体现
出一种宽容的有利于工业文化等各种新文化传播的氛围。

从 1917 年恽代英的日记看，他对实业、科学等与工业文化相关的
事物多有关注，此时的他虽受聘为《光华学报》的主编，但仍未大学
毕业，还处于学习阶段，即仍在汲取当时中国社会已有的工业文化知
识。4 月 17 日，恽代英已经开始编学报，当天工作为 "录中国今日对
于欧战之大任务一遍"，在日记中洋洋洒洒写了不少关于中国与第一次
世界大战关系的内容，其中有一句："吾之希望条件，非对于一国之事，
如关税一事，日人有纺织业反对，英人有曼彻斯特省反对，俄法即因不
能赞同。"② 此处所提到的关税，对于后发展国家工业化有重要意义，
也是日后恽代英讨论工业发展问题时会着力强调的内容。7 月 3 日，恽
代英与小他 2 岁的四弟恽子强讨论了爱迪生，日记中写道："弟谓，使
爱迪生于电学外，尚有所精，两者互相辅益，则其发明能力必更大。余
谓，固然，然如爱迪生于电学外更骛他事，其电学或尚无今日之精亦未
可知。故当业不精，患其不一，能精，则能博亦佳。"③ 恽氏兄弟是在
讨论学习方法问题时提到爱迪生并以之为例的，这从侧面反映了他们的
启蒙知识中已经包含了发明创新等工业文化内容。7 月 27 日，恽代英
又与恽子强谈到 "西人肯冒险为发明事业"，并总结西方人 "发明事业
之发达" 的原因包括："（一）教育稍能重启发式。（二）国家社会设各
种奖励。（三）发明家多，故互相激励而前进。（四）凡稍改进器用者，
皆谓之发明，故发明易于成功，而人因得激发。（五）社会需要较多，

① 恽代英:《恽代英全集》第 1 卷，第 23 页。
② 恽代英:《恽代英全集》第 1 卷，第 442 页。
③ 恽代英:《恽代英全集》第 1 卷，第 486 页。

故易销行。（六）社会欲望甚高，故发明易受欢迎。"[1] 他们所讨论的发明，很大程度上就是经济学所界定的创新，而营造鼓励创新的社会氛围是工业文化的基本价值取向，恽氏兄弟在日常交流中对这些内容侃侃而谈，这反映出他们的思想已经被当时中国社会的工业文化所渗透。恽子强后来从南京高师理化部毕业，1925 年加入中国共产党，新中国成立后任中国科学院办公厅副主任，这也可以视为恽氏兄弟汲取工业文化后的一种开花结果。1918 年 7 月 9 日，恽代英在日记中写道："余意母校于文科外，至少应预先设法谋添理科，不然中学毕业优秀者皆他去，此校岂非为人忙乎？农科、工科渐备更善。现今有志者，志多在工科，此亦应注意事，惟母校恐不能为此耳。"[2] 恽代英看到了工科在中国社会产生越来越大的吸引力，这是工业文化发展的内在要求，而这种社会现象无疑也使敏锐的恽代英更准确地分析与研判了中国社会发展大势。

1918 年 3 月 25 日，恽代英在日记中构想了创立"葆秀大工厂"的办法，其大略包括"得四五百元即可起始办工厂矣"，以及"工厂所营，如缝衣，织袜，乃至织布，造物，刺绣皆为之。专收女子，其不能作工者聘人教之"。不过，恽代英最后写下的话是："呜呼！屠门大嚼，未知何日能偿此愿也。"[3] 恽代英妻子名沈葆秀，1918 年 2 月因难产逝世，恽代英的构想，包含了对亡妻的深切思念。从其构想来看，恽代英对于创办工厂颇有兴趣，这是他受工业文化影响的一种具体体现。恽代英对工业的包容与兴趣，和他成长于晚清崛起的工业重镇武汉亦不无关系。在民国初期的武汉，人们很容易对新兴工业习以为常。例如，1918 年 5 月 19 日是一个星期日，恽代英与一群好友出发旅行，他在日记中记载的是："同出汉阳门，见有新办聚庆工场。过平湖门、文昌门，见造纸厂。过望山门、王惠桥，见耀华玻璃公司。"[4] 武汉的工业文化氛

---

① 恽代英：《恽代英全集》第 1 卷，第 499 页。
② 恽代英：《恽代英全集》第 2 卷，第 308 页。
③ 恽代英：《恽代英全集》第 2 卷，第 189 页。
④ 恽代英：《恽代英全集》第 2 卷，第 250 页。

围，对恽代英有着潜移默化的影响。

　　从 1918 年开始，恽代英日记对工业文化相关内容的讨论越来越集中于国货运动。保护本国工业是各国工业文化的应有之义，事实上也是工业文化作为一种经济思想的基本主张。在近代中国，这种经济爱国主义常常以国货运动的形式呈现。当时，恽代英与互助社同人已经开始提倡国歌，提倡国货可视为青年们爱国精神的自然延伸。1918 年 5 月 21 日，恽代英在日记中写道："以后在校拟发起印国货传单，募捐。"① 5 月 24 日，恽代英在日记中称："同人热心身体力行的提倡国货，其意殊可佩服。兹将可以代用洋货之国货众所传述者录下。余誓非万不得已不购外货矣。"② 第二天，恽代英就"偕全校旅行。乘官渡至谌家矶造纸厂，参观各机器房"，并评论了这次工业研学旅游暴露的问题："造纸厂出品甚精。惟出品少而员役多，又出品拣择太严，殊不经济。因思中国商人之办工厂者，尚多不经济之处，何论官办？此所以中国商战之永不得胜欤？今日招待学生，预备纸烟实为无意义之极。而学生抢取食物，尤为不堪。"③ 恽代英此时已经能够从企业的角度思考中国工业竞争力弱的问题。此后几天，他都积极为国货事业奔走，包括 5 月 26 日"调查国货"，5 月 27 日"草国货传单稿"，5 月 28 日记下了"调查国货之心得"，感慨"实地调查、颇可知市面国货贸易之实状"，其与工业有关的要点为："棉业不改良，玻璃业不振兴，又工业之不肯研究，能制报纸而不能制纸箔，能制三角板而不能制云行板，又不能制铅笔，此时实国货不振兴之首因。"对于国货调查录的编法，恽代英也形成了自己的思路，包括封面要精美、使用白话文、制作调查一览表、标注"纯粹之国货"与"印为袖珍本"。值得一提的是，此时已近大学毕业的恽代英，在日记中也表露了留在中华大学服务的想法："余尝思，果有机会可服务母校，当以养成学业一贯之人才为宗旨，将使此校为中

---

① 恽代英：《恽代英全集》第 2 卷，第 252 页。
② 恽代英：《恽代英全集》第 2 卷，第 257 页。
③ 恽代英：《恽代英全集》第 2 卷，第 257—258 页。

国有名之大学，亦即因势成事之意也。"① 通过参与国货运动，恽代英的能力得到了很大的提升。

在 1918 年 6 月的毕业季，恽代英对国货运动的参与没有松懈。6 月 3 日，他在日记中记下了《实业浅说》这本杂志，显示了其汲取工业文化的一种途径。6 月 4 日，恽代英"在校编国货传单"；6 月 5 日，恽代英决定进行国货问题研究，内容包括"中国商战每年漏卮为数约若干。现今每年赔款总额若干。现今每年还债总额若干。各国提倡国货之事实如何"；6 月 6 日，"查考中国商战每年损失，不能得其数"；6 月 7 日，"编国货单。九点半至校，查民国财政史"；6 月 8 日，"编国货录"；6 月 9 日，"编武汉国货调查录"；6 月 13 日，"作武汉国货调查录白话序"，并"至电话局参观"；6 月 14 日，"订用国货会草章至九点半"；6 月 17 日，在日记中设想"提倡国货最妙为设一国货审查处，将一切疑似之国货或一切疑似本国商店之货品，一一陈列，任人各就所知批评之。如有切实证据，指明为外国货，则取消其陈列。又或意设一国货陈列所，陈列一切国货，注明若为本国原料，若为外国原料，或有外国原料几分之几，尤佳"；6 月 18 日，与人商定协助救国团之事，其中包括"提倡国货"；6 月 29 日，恽代英上午"赴校考德文"，中途出校活动，下午"回校中，国货调查录货款两清。惟本校除所付款外，尚有余款，只好留作下学期他项用费矣"；6 月 30 日，"为国货调查录作五事，收束尚清楚"。② 至此，恽代英发起并参与的这次国货运动告一段落。不过，恽代英还是把倡导国货的理念坚持了下去，1919 年 2 月 12 日"寄《国货调查录》于粤汉路总车站"。③ 实际上，恽代英知道国货运动的局限性，他在 1918 年 6 月 20 日的日记中尝言："余前拟用国货会一事……余思此会不成。社会非有一班人先决定牺牲一切，以实行其用国货主义，以为社会先倡，将欲借纸上谈兵之国货调查录，以提倡国货，责人

---

① 恽代英：《恽代英全集》第 2 卷，第 258—262 页。
② 恽代英：《恽代英全集》第 2 卷，第 269—296 页。
③ 恽代英：《恽代英全集》第 3 卷，第 172 页。

以难能，而自处于易，以此求其有效，不亦诬乎?"① 然而，真正的局限性尚不只在于提倡国货知易行难，更在于此时恽代英等人所理解的国货运动存在着经济上的不合理之处，如过于追求国货的国产原料含量等，势难成功。不过，在这场国货运动中，恽代英进行了中外贸易的研究，这为他日后提出工业化理论奠定了学理基础。而恽代英进行研究时利用了中华大学的图书资源，这也可以视为母校对其汲取工业文化的一种帮助。

五四运动期间，国货运动高潮再起，恽代英制作了《呜呼青岛》小传单，在武汉散发，他在日记中自称"劝人阅报纸，又劝排日货，此虽挑拨感情语，然亦利用机会以提倡国货之一法也"。② 此时作为中华大学附中校长的恽代英，将国货运动也扩展至中学。1919 年 5 月 10 日，恽代英除了"作《武昌学生团宣言书》"，还"为九班讲国事，勖以肯吃亏用国货"；5 月 21 日，他"拟学生实行提倡国货团办法大纲"，其纲领为"入团者非不得已不用外国货"及"对社会于提倡国货尽调查劝告扶助之责"；5 月 25 日，与人"谈提倡国货法"。③ 恽代英在五四运动期间发起的国货运动，无疑借助了前一年运动的经验。

1919 年 1 月 4 日，新年伊始，恽代英"又得《实业浅说》二册"。在《民国七年回想录》里，他还记录了 1918 年 2 月"购《实业浅说》一年"。④《实业浅说》是恽代英汲取工业文化知识的一个来源。该刊由农商部刊行，除了工业，也包含农业、商业的内容。《实业浅说》具有科普性质，但也传播了观念。例如，1918 年 2 月 10 日出版的《实业浅说》第 141、142 期合刊，既有《洋烛制造法答问》这种工业知识科普文章，又刊登了郝树基写的《改良国货概说》，其中包含明显的宣扬工业文化的语句："自从洋货入国以来，人人都爱买他，仿佛非他不可，

---

① 恽代英:《恽代英全集》第 2 卷，第 287 页。
② 恽代英:《恽代英全集》第 3 卷，第 234 页。
③ 恽代英:《恽代英全集》第 3 卷，第 228—229;237—240 页。
④ 恽代英:《恽代英全集》第 3 卷，第 143;357 页。

可把我们原有的货物，反不去买，这个原故，虽说是大家厌恶旧的，喜欢新的，也是因为我们本国的货物，实在是有很不合用的，并且没人肯去想法子改良，所以人才不喜欢买。"该文还称："用钱买国货，这钱是落在中国，若是买洋货，这钱可就落到外洋去了，你想我们国的钱，能有多少，如果永远往外国去，我们中国人，将来不要穷死了么？"① 很显然，《实业浅说》构成了恽代英工业文化知识与理念的重要来源。在出任中学校长后，恽代英也按照自己的理想进行了一些改革，如强调"生活技能之养成：手工制造，化学制造，国文改良，小学教育研究"。② 1919 年 3 月 13 日，恽代英在日记中写道："校中化学制造已将由理想进为事实。所以为此，初不用以生利，只求同学亲身实验，自足养其科学兴味，趋向实业界者必较多，且切实做事之人亦必较多，则所得已伙矣。学风之培成，此必大助力之一也。"③ 恽代英从中华大学这一母体汲取过工业文化，也通过在中华大学附中的任职传播了工业文化。

三、恽代英形成新的经济观

1919 年 10 月 1 日，恽代英加入少年中国学会，当年 12 月中旬，他与路过武昌赴京的毛泽东等会晤并畅谈革命理想，是毛泽东创办的文化书社的信誉担保人之一。1920 年 1 月，恽代英辞去中华大学中学部主任的职务，离开中华大学后，恽代英走上了一条全新的道路。2 月，他和林育南、廖焕星等合办的利群书社开业，该书社于 1921 年在军阀士兵的哗变骚乱中被焚毁。利群书社最初与中华大学的书报贩卖部有关联，恽代英辞去中华大学的职务后，为保存代售新书报的场所，就在学校外面建了利群书社。恽代英称利群书社"最注意的，不在营业，在于介绍文化"。④

---

① 郝树基：《改良国货概说》，《实业浅说》第 141、142 期合刊，1918 年 2 月 10 日，第 3—4 页。
② 恽代英：《恽代英全集》第 3 卷，第 148 页。
③ 恽代英：《恽代英全集》第 3 卷，第 192 页。
④ 恽代英：《恽代英全集》第 4 卷，第 257 页。

尽管恽代英脱离了中华大学，但陈时校长以提供家具的形式支持了利群书社。① 中华大学作为文化母体所发挥的作用是持续性的。不过，此时的恽代英也逐渐由内陆腹地的武汉，走向了全国更大的舞台。

在走向更广阔的天地之时，恽代英的思想也在变化。1920 年下半年，恽代英受陈独秀委托翻译考茨基的《阶级斗争》，1921 年 1 月该书由新青年社出版。译书的过程应该也是恽代英深入学习马克思主义理论的过程。马克思和恩格斯实际上是最早提出工业革命理论的思想家，工业革命是现代无产阶级诞生的前提条件，也就是通往社会主义的物质起点。这种全新的工业文化观，在《阶级斗争》里是有所体现的。书中所描述的工业史图景中，出现了"工业革命"这个恩格斯最早创造的概念："因科学的发达，特别更因汽力可以应用到实业界的活动，机械果然代了人工，这是一个工业革命。"② 恽代英对工业革命的史实不会陌生，但马克思主义无疑提供了解读这些史实的全新视角。1921 年恽代英加入了中国共产党，此后他对于工业文化的研究与传播，都具有了与"中华大学时代"不同的意义。

1922 年，恽代英在泸州建立青年团，并出任川南师范学校校长。此后，他以四川为主要活动基地，直到 1923 年夏赴上海。1923 年 8 月，恽代英被选为中国社会主义青年团候补中央执行委员。9 月 29 日，团中央二届一中会议决定由委员长刘仁静、秘书林育南、编辑恽代英和会计邓中夏组成团中央局。10 月 20 日，团中央机关刊物《中国青年》创刊，恽代英任主编，此后他陆续在该刊发表 190 多篇文章和通信，教育和影响了一代青年。③ 也就在此时，恽代英以媒体为阵地鼓吹中国应工业化。

1923 年 10 月 27 日，恽代英在《中国青年》第 2 期上发表了《华洋贸易册中可注意的事》。该文列举了 1922 年的中国进出口贸易基本数据，得出了中国经济过度依赖对外贸易而影响国家经济安全的结论。恽

---

① 私立武昌中华大学校史组：《中华大学》，第 85 页。
② 恽代英：《恽代英全集》第 4 卷，第 318 页。
③ 恽代英：《恽代英全集》第 9 卷，第 318—319 页。

代英在一种全球竞争的大格局下分析中国经济基础的脆弱性："世界进化了，一切的国家在经济上都须彼此依赖，不能独立自给。所以闭关政策已经是过去的话了。不过我们仍旧须想一想，在今天这种战国的时代，我们衣食日用之所需，如此仰赖外国，最骇人的，去年棉货类仰给于英日两国各价一万万两以上，煤油仰给于美国的价五千余万两，米仰给于香港印度的价六千余万两，杂粮粉仰给于美洲的价将近一千余两。如此我们岂非把全国衣食完全托庇于英美日本之下？英美日本若从经济上封锁我们，我们不要立列［刻］有冻馁之患了?"① 这段话值得大段直接引用，因为它包含了恽代英最基本的分析思路。恽代英实际上并不否认贸易通商的重要性，也不认为在"世界进化"也就是全球化的时代能避免各国经济上的相互依赖，更否定了"闭关政策"的可能性。但是，他同样正确地指出了，资本主义全球化的时代也是资本主义列强军事冲突不断的"战国的时代"，经济上的相互依赖与政治军事的较量并行不悖。在这种大背景下，经济本身就可以被武器化，成为军事斗争的一种手段，也就是对他国采取经济封锁。事实上，在离 1923 年尚不遥远的刚结束的第一次世界大战中，德国的战败在很大程度上是由英国的经济封锁所致。② 因此，在列强有可能经济封锁中国的世界里，中国经济对列强的过度依赖是极端危险的。恽代英的经济观不是狭隘的纯经济观，而是一种视野宏阔且具有现实主义的政治经济观。这一点，确实也符合工业文化跨越狭隘经济性的特性。

在提示了读者应注意的危险之后，恽代英为中国开出的解决方案包含了发展工业在内的实业，即"最要紧是须改良农业，发达工业，以求必要的衣食日用物品，可以有个相当的自给"，但他特别强调了中国的弱项是工业："我们对于制造工业，与原料生产的农业，应一样的注意。然后我们可以在经济上有个独立的地位。"③ 应该说，恽代英在这篇文

① 恽代英:《恽代英全集》第 5 卷，第 125 页。
② 严鹏:《溃于蚁穴：战时新兴工业强国的初级产品之困》,《文化纵横》2022 年第 5 期。
③ 恽代英:《恽代英全集》第 5 卷，第 125—126 页。

章中所用的方法，就是他此前在中华大学研究中外贸易的方法，其观点与提倡国货的思路也非常接近。但此时的恽代英看到了单纯的经济办法解决不了中国的经济问题。他这篇文章的最后结论是："要扑灭武人的专政，要建设统一的人民政府，要取消国债的本息，要收回关税的主权。"① 此时的恽代英，固然是在传播工业文化，更重要的则是将工业文化纳入革命斗争中。

就在几天之后的 1923 年 10 月 30 日，恽代英化名"戴英"在具有影响力的大报《申报》上发表了《中国可以不工业化乎?》。这是一篇论战檄文，对于中国工业文化的早期发展具有重要意义。

四、恽代英参与立国问题论战

20 世纪 20 年代，中国出现了一批反对发展工业的知识分子，并在思想界掀起了一场"以农立国"还是"以工立国"的大论战。这次立国问题的大论战对于工业文化在中国思想界的巩固意义重大，恽代英参与其中，旗帜鲜明地提出了中国必须工业化的主张，为中国工业文化注入了"红色基因"。

一般认为，章士钊的文章是这场大辩论的引子。1923 年 8 月，章士钊发表了《业治与农》。章士钊称第一次世界大战系"英德两国，为争工业之霸权，创开古今未有之大战局"，这证明了"当世工业国所赅于人民之苦痛何若，昭哉可观"，进一步说，"世界真工业制之已崩坏难于收拾也如彼"。在西方似乎已经表明工业文化危害极大之情况下，中国人要发展工业，在章士钊看来，实在"不智之甚"，且"未成为工业国而先受其习之毒"。② 章士钊的文章登出来后，立即有人撰文反驳。当年 9 月，孙倬章发表了《农业与中国》，10 月，杨杏佛发表了《中国

① 恽代英：《恽代英全集》第 5 卷，第 126 页。
② 章士钊：《业治与农》，罗荣渠主编：《从"西化"到现代化》（下），合肥：黄山书社，2008 年，第 742—743 页。

能长为农国乎》，皆对章士钊的观点提出了批评。而章氏于 11 月发表
《农国辨》予以回应。在这篇文章中，章士钊从中国先哲老子的观点出
发，区分了农业国与工业国的不同文化特质："农国讲节欲，勉无为，
知足戒争，一言蔽之，老子之书，为用极宏，以不如此不足以消息盈
虚，咸得其宜也。工国则反之，纵欲有为，无足贵争，皆其特质。事事
积极，人人积极，无所谓招损。"应该说，章士钊对于农业国消极无为、
工业国积极进取的文化特质还是把握得很准的，但是，他对于消极无为
文化的推崇显然是有问题的。而他认为中国"乍经鸦片战争之大创，锐
意维新"是"以犬羊之质，服虎豹之文"，最后只能"外强中干"，而
西方工业文化经过世界大战后，"今也王气已收"，更不值得学习。[①] 仅
从文字上看，章士钊的立论仍不脱传统农业文化之窠臼，以此来诊断现
代工业社会的病症，不无刻舟求剑般的时空错置感。

　　章士钊有他的支持者。1923 年 10 月 25 日，学者董时进发表了
《论中国不宜工业化》，与章士钊的《业治与农》遥相呼应。不过，与
章士钊不同的是，董时进的文章更具学理性。首先，与章士钊一样，董
时进也认为在当时的世界上，"工国运命，已濒厄境"。至于为什么工
业国快完蛋了，董时进给出的解释是，世界市场是有限的，各国工业早
已产能过剩，整个地球已无法再消化。基于这个极其简单的理由，董时
进问道："中国处此工国多余之时，尚可工业化乎？"继而，他又指出，
即使中国如德国之于英国那样成为一个"打倒他工业国"的"后进
工业国之健者"，也需要两个条件：一为兵力，二为经济力。他再次
悲观地问道："二者我有其一乎？"于是，中国既无必要工业化，也没
有能力工业化。反过来，董时进认为农业的优点在于"能使其经营者
为独立稳定之生活"，其弱点虽为"不易致大富"，却正好"可以补贫
富悬殊之弊"。总之，他认为"有长远之农史、广大之农地、良善之农
民"的中国就应该发挥长处，而不要强行发展工业"与西人为我占劣势

---

① 　章士钊：《农国辨》，罗荣渠主编：《从"西化"到现代化》（下），第 779—782 页。

之竞争"①。应该说，比起章士钊那些玄之又玄的理由，董时进的立论尚称有据。

恽代英的《中国可以不工业化乎？》正是为了批驳董时进而作。在这篇文章中，恽代英首先分析了农业国不可能脱离工业国和工业而独立存在，因为工业提供了农业国需要的基本生产工具："人非能餐稻麦，稻麦必须碾磨。碾磨乃工业之事而非农业也。人非能衣棉丝，棉丝必须纺织。纺织亦工业之事而非农业也。"②恽代英指出，在中国卷入资本主义全球化之前，固然能依靠自己的手工业提供基本生产工具，但"闭关"时代结束后，发达国家"有进步的机器、伟大的工厂"，生产的食品、衣服"成本低、成品良"，中国手工业无法与之竞争，这导致中国"衣食之所需，乃转而大宗须仰给于外国"。③既然闭关自守的时代已经回不去，则无法奢谈中国脱离工业国而独自保留农业国形态。在这一论点上，恽代英进一步展开的是，根据 1922 年海关报告，中国进口超过出口"将三万万元"，这意味着"总共有产生将三万万元之农人、工人，俱为外国工业所压迫而至于失业"，产生的连锁反应则会是"国内军队、土匪之充斥"，而农业无法带来"独立稳定之生活"。④恽代英在这里阐明了经济发展与社会稳定之间的关系，在他看来，全球竞争时代的传统农业是无法维系社会稳定的。

其次，恽代英针对董时进所谓中国工业化会导致"外资之纠葛"的论点进行了批驳。恽代英从现实出发，指出"外资之纠葛"不必等到中国将来工业化时才发生，"眼前逼近眉睫之事"已经"不胜枚举"，如外资染指开平煤矿、大冶铁矿所造成的纠葛，皆为现成案例。他进而指出中国实际上已经成为资本主义列强的经济半殖民地，在这种前提条件下讨论避免与列强发生经济纠葛，没有什么现实意义："中国在先进

① 董时进：《论中国不宜工业化》，罗荣渠主编：《从"西化"到现代化》（下），第768—770 页。
② 恽代英：《恽代英全集》第 5 卷，第 128 页。
③ 恽代英：《恽代英全集》第 5 卷，第 128 页。
④ 恽代英：《恽代英全集》第 5 卷，第 128 页。

工业国之下，已成为经济的隶属关系。至今日尚虑工业化之为外人染指，诚不知其何说也。"① 针对董时进与章士钊都讨论过的农业国文化优于工业国文化的问题，恽代英也用中国贫弱的现实进行了反驳。董时进构建了一种理想化的农业国文化，如"农业国之社会安定太平，鲜受经济变迁之影响，无所谓失业亦无所谓罢工"等，恽代英指出这些想象与作为农业国的中国的实情"全不符合"。② 在这一论点上，章士钊展开论证的是，中国的乱象皆系"农业国而强效工业国之过"，恽代英则反问章士钊中国是否可以通过捣毁铁路、商船、工厂而"复反于农业"，并反问中国毁掉已有的工业设施后是否能阻止工业国的经济渗透。③ 答案是显而易见的。恽代英进一步指出，董时进看到了中国人自"中西接触"后变得贫弱，却没有深入考察中国人贫弱的原因。恽代英认为，中国在"中西接触"后贫弱的原因是"国人之生路俱为外国工业之所压迫而日趋逼狭"，要解决问题只有正面对抗，即发展自己的工业："此非吾之工业有以与外国相抗衡，盖惟有万劫而不复。岂尚得谓中国不宜工业化乎？"④ 换言之，董时进等人设想的以农立国是面对全球工业化的攻势而退缩自保，恽代英则主张主动工业化以寻求在全球格局中的优势地位。

恽代英批驳董时进的最后一条论点涉及工业国无法脱离农业国而存在。的确，工业国依靠农业国供给原料与提供市场，这使工业国"非有农业国不可以自存"，⑤ 这似乎是农业国的一种优势。但恽代英以全局性的政治经济观指出，工业国可以将工业优势转化为军事优势，并以军事优势抵消前述农业国所具有的某种经济优势。他的原话是："工业国……势必挟其工业之优势，以窥窃农业国之统治权。"⑥ 英国对于殖

---

① 恽代英：《恽代英全集》第 5 卷，第 128—129 页。
② 恽代英：《恽代英全集》第 5 卷，第 129 页。
③ 恽代英：《恽代英全集》第 5 卷，第 129 页。
④ 恽代英：《恽代英全集》第 5 卷，第 129 页。
⑤ 恽代英：《恽代英全集》第 5 卷，第 129 页。
⑥ 恽代英：《恽代英全集》第 5 卷，第 129 页。

民地的获取就是历史与现实的例子。恽代英通过英国的例子，指出农业国一旦沦为工业国的殖民地，就永远只能成为母国的原料供给地和产品销售地，其结果是"母国之人经济上处处占取优势"，这固然也体现了"工业国之不能离农业国而独立"，却绝非农业国的幸事。① 至此，恽代英批判了董时进的全部论点，而抛出了掷地有声的结论："然则中国亦必化为工业国然后乃可以自存，吾以为殆无疑议。"② 比起单纯鼓励理工科教育与提倡国货，恽代英此时的主张，已经是工业化这种系统性的现代化方案了，体现了一种内涵更丰富的工业文化。

当然，恽代英也认识到工业化是一种极具难度的复杂方案。他在《中国可以不工业化乎？》的结尾提出了中国必须靠工业化生存于世界的主张后，也指出了中国工业化的困难，并称将进一步讨论该问题："中国如何能与外人竞胜而化为工业国？中国而化为工业国又何以免于生产过剩之患乎？请俟他日另文论之。"③ 此后的恽代英实际上并没有再专门讨论工业化问题，但他此时一定已经有了答案，那就是中国要靠革命缔造工业化的前提条件，并通过实行社会主义制度来避免资本主义工业国的生产过剩危机。在恽代英此后的一些文章里涉及了这一点。例如，1923 年 12 月 15 日，恽代英在《中国青年》上发表了《研究社会问题发端》，提出："社会主义是要公有机器工厂及一切规模的生产事业，这些东西在中国今天都是很少的。中国要对付外国工业，必须收回关税主权，实行保护政策，发达本国产业，安辑无业游民……由革命政府收回关税主权，用社会主义的精神去发展产业。"④ 这一论点的经济学理尚不脱离德国历史学派的基本主张，即强调要用关税保护本国工业，这是一种普遍流行于后发展国家的工业文化。但恽代英在这经济爱国主义理论之外，更强调"社会主义"。他称德国历史学派所信奉的

① 恽代英：《恽代英全集》第 5 卷，第 130 页。
② 恽代英：《恽代英全集》第 5 卷，第 130 页。
③ 恽代英：《恽代英全集》第 5 卷，第 130 页。
④ 恽代英：《恽代英全集》第 5 卷，第 254 页。

"社会政策"其实"不能解决社会问题",而"只有社会主义,才是根本的解决"。① 在 1924 年的《革命政府与关税问题》中,恽代英也分析了工业化、关税与革命之间的基本逻辑,其结论也指向了要靠革命为工业化开辟道路。② 同年,在《如何方可利用外资》一文中,恽代英再度与董时进展开论战,其结论已经直接提出要学习苏俄:"中国将来是应当仿效苏俄的。应当仿效他们建设一个公忠而强固的政府,应当仿效他们用极严重的条件,利用外资以开发富源。"③ 受限于时代与条件,恽代英没有系统化的工业化理论构想,但对于他自己在《中国可以不工业化乎?》结尾提出的问题,他显然是有答案的。这一答案,在他英年牺牲后,也将被他的中国共产党同志们继续探索,走出一条中国式现代化道路。

余 论

1924 年,印度文化名流泰戈尔访华,5 月曾在武昌演讲,据称与中华大学亦有密切关系。④ 不过,当年 4 月 19 日,恽代英倒在《民国日报》的副刊《觉悟》上发表了一篇泼冷水的文章《告欢迎泰戈尔的人》。对泰戈尔倡导的源自印度的"森林文明",恽代英不以为然,称:"当前的,是民族的生存竞争,没有时间容我们冥想,而且也令我们没有余暇去存这个与神调和的奢念。要现在备受物质压迫的人,去梦想古代在热带中那种不劳而食的生活所产生的文化,实在是时间错误了。"⑤ 恽代英进而指出:"现在决不可以还梦想有回到森林间去的日子。然而现在我们并不是没有别的希望。机器的进化,生产力的增进,已经可以很丰裕的,供应全人类的要求。不过可惜生产工具还在西方国家少数人

---

① 恽代英:《恽代英全集》第 5 卷,第 254 页。
② 恽代英:《恽代英全集》第 6 卷,第 13—17 页。
③ 恽代英:《恽代英全集》第 6 卷,第 295 页。
④ 裴高才、陈齐:《中华大学校长陈时》,第 159—160 页。
⑤ 恽代英:《恽代英全集》第 6 卷,第 239 页。

手里，他们不肯尽量使用机器的生产力；反之，为他们的利益，常常要限制生产。现在最要紧的一着，是把这种工具夺到全人类的社会手中来；换一句话说，便是要世界的社会革命。"① 这是一个马克思主义者具有工业文化色彩的世界观。而恽代英此时与他自豪的母校不同调，作为一种独立人格的彰显，却恰可反证其母校的光荣。

---

① 恽代英：《恽代英全集》第 6 卷，第 242 页。

小生产与工业化

——郭大力与王亚南的中国经济改造论[*]

——郭大力与王亚南的中国经济改造论 [*]

邱士杰 [**]

郭大力（1905—1976）和王亚南（1901—1969）是最早在中国推出《资本论》三卷汉译本的学者，也是最早尝试应用马克思"政治经济学批判"方法论来研究"近代中国"（1840—1949）社会经济的先驱。这里所称的方法论有两个层次。一是马克思在 1857 年《〈政治经济学批判〉导言》中提到的"从抽象上升到具体的方法"（die Methode vom Abstrakten zum Concreten），二是马克思在 1867 年《资本论》中实际形成的理论框架。虽然许多论者认为前者就是后者应用的方法，[①] 但也有论者不赞同。[②] 郭大力以前一方法研究江西的农业小生产，王亚南则用后一框架研究近代中国特别是抗战时期中国的整体经济逻辑，并勾勒出一种姑且称为"逆工业化"的经济退化趋势。尽管郭、王二人的研究关怀不尽相同，却共同对农业小生产与中国的工业化提出自己的看

---

* 本文为国家社会科学基金项目一般项目"马克思主义社会形态理论与中国历史发展进程研究"（批准号：18BZS008）的阶段性成果。

** 邱士杰，厦门大学历史与文化遗产学院历史系副教授。

① 如苏联学者伊林科夫。参见艾·瓦·伊林柯夫（Э. В. Ильенков）：《马克思〈资本论〉中抽象和具体的辩证法》，孙开焕等译，山东：山东人民出版社，1993 年。

② 如德国"新马克思阅读"（neue Marx-Lektüre）思潮的代表人物海因里希（Michael Heinrich）所言："经常用来形容马克思的叙述的'从抽象上升到具体'的说法，对那些刚刚开始阅读《资本论》的人而言，这句话也没有说出太多东西。最主要的是，《资本论》实际的叙述结构，相比早先在 1857 年《导言》中所估计的这个公式，要明显复杂得多。"见米夏埃尔·海因里希：《政治经济学批判：马克思〈资本论〉导论》，张义修、房誉译，南京：南京大学出版社，2021 年，第 23 页。

法。本文将对他们的论点进行初步的梳理和比较。

一、郭大力：以马克思的叙述方法再现农业小生产

　　"从抽象上升到具体的方法"是马克思依据黑格尔《逻辑学》而在《〈政治经济学批判〉导言》中提出的著名方法。这个方法要求研究者在"完整的表象蒸发为抽象的规定"的实证研究过程之后，通过叙述让"抽象的规定在思维行程中导致具体的再现"，形成充分再现研究对象的"思维具体"（ein Gedankenconcretum）。为将研究对象（资本主义经济）再现为"思维具体"，研究者必须在叙述过程中严格安排各范畴在叙述行程中出现的先后次序。其中，开端尤其重要。"万事开头难，每门科学都是如此。"[①] 开端的范畴越是内容简单的规定性，越高级的范畴则拥有越丰富的规定性，并且包含了沿着开端而来的各范畴。[②] "相反，范畴的逻辑展开只有遵循被研究的具体的各要素在已发展的对象中，在处在发展和成熟的最高点上的对象中彼此所处的那种关系，才能揭示出对象形成过程的，它的内部结构形成过程的真正客观顺序的秘密。"[③]

　　韦伯以马克思为对手而提出的"理想典型"是理解"思维具体"的著名参照。马克思重视"思维具体"能否再现研究对象，因此"思维具体"是马克思的目标。韦伯的"理想典型"则"并非目标，而是手段，目的在于获得关于那些在个别的观点下有意义的关联的知识"。[④]

---

① 马克思：《资本论》（第一卷），收录于中共中央马克思恩格斯列宁斯大林著作编译局编：《马克思恩格斯全集（第二版）》第 44 卷，北京：人民出版社，2001 年，第 7 页。
② 马克思：《〈政治经济学批判〉导言》，收录于中共中央马克思恩格斯列宁斯大林著作编译局编：《马克思恩格斯全集（第二版）》第 30 卷，北京：人民出版社，1995 年，第 21—53 页。
③ 艾·瓦·伊林柯夫（Э. В. Ильенков）：《马克思〈资本论〉中抽象和具体的辩证法》，孙开焕等译，第 192 页。
④ 马克斯·韦伯：《社会科学的与社会政策的知识之客观性》，收录于张旺山译注：《韦伯方法论文集》，台北：联经出版事业股份有限公司，2013 年，第 236 页。韦伯对马克思方法的商榷可见同书第 232—236 页。

也就是说，"理想典型"与研究对象的差异之处正是把握对象的关键。显然，作为研究目标的"思维具体"与作为研究手段的"理想典型"大异其趣。正如王亚南所言，韦伯所属的新康德主义者判断一切客观存在都"必须通过纯主观的认识方式与范畴"（如前述"理想典型"），这样才有办法将"本来是一无条理秩序可言"的对象序整出"条理秩序"。① 因而研究对象将因主观认识的不同而产生不能反映对象本质的各种样貌。

抗战期间的江西农村生活经验，是郭大力应用"从抽象上升到具体的方法"的基础。他通过自己的日常生活而确知农村的生产状况以及生产过程中各个环节所必要的参数（比方单人能耕几亩，又能产出多少），并了解了地租、工资、利息和利润各范畴在农村经济内部的相互关系。郭大力据此写作的一系列论文在 1942 年的《时代中国》与《正气月刊》连载，同年 9 月结集成《我们的农村生产》出版。

《我们的农村生产》指出：如果要通过"从抽象上升到具体的方法"来把农村生产具体叙述出来（他称之为"记述"），前提是先提出一个适当的开端，而且必先承认"从抽象上升到具体"的叙述主要是逻辑的展开。由于郭大力认为租佃关系在农村中处于支配性地位，因此他试图将租佃关系作为阶级分析的根据，也就是：

完全的佃农/半自耕农（或半佃农）/完全的自耕农/半地主/地主
郭大力将"完全的自耕农"作为"记述"的起点，然后逐步加入地租、高利贷、商业资本等外在的规定性，使农村生产的"具体"在思维上逐渐丰富起来：

> 但我这里所用的记述方法，或不免被人指责。我先是就一个完全的自耕农民，分析农村的生产和再生产，然后就一个没有土地的佃农，说明土地所有权的成立，将会发生什么影响。再后，更就地租的蓄积，说明这种蓄积将采取怎样的形态，并说明这种蓄积对于

① 王亚南《三论东西文化与东西经济》，收录于王亚南：《社会科学论纲》，永安：东南出版社，1945 年，第 134—135 页。

农村生产将会发生怎样的影响。

所以，我的记述方法，可以说是从一个抽象出发，因为完全的自耕农，本身就是一个抽象。人们会说，从一个抽象体的考察开始，我的记述基础已经是不确实的。

其次，我是以一个完全的佃农来继续我的考察。由一个自耕农突然跳到一个完全的佃农，人们会说，当中有一个历史的考察是必要的。

再次，我考察土地所有权的影响时，我假设这个佃农自己有他的生活资料和土地以外的各种生产手段。但没有一个佃农是不负债的，也没有一个佃农能避免商业资本的诈欺。

对于以上几点批评，我应为充分的让步。我的记述，没有成为具体的、历史的。但我必须声明，在这里，记述的目的是科学。我尝试要由复杂的事象，寻出基本的法则来。要这样做，我只有用抽象的方法。

这种抽象，使我在叙述时，必须处处以范畴为对象。……①

根据郭大力对 20 世纪 40 年代江西农村家庭的观察，其基本生产条件是：单一种植（稻米）、一年两作、单亩年产量 2.5 石稻米、劳动量为 500 工作日。基于这样的生产条件，"完全的自耕农"需要夫妇并作并自耕 10 亩地才能成立。郭大力认为因为资本主义的侵蚀，江西当地的农民家庭纺织的竞争力已经完全丧失，因此预设"完全的自耕农"只从事稻米的单一种植。这样的预设和费孝通在江村所见的农民经济——农业与手工业的结合——刚好形成对照。

说明"完全的自耕农"的经济结构之后，郭大力进一步分析自耕农失去土地之后的状况。由于他认为失去部分土地的自耕农（他称之为"半佃农"或"半自耕农"）缺乏典型性，因此他从完全失去土地的农民讲起，此即"完全的佃农"。根据他的观察，"完全的自耕农"若没

---

① 郭大力：《我们的农村生产》，江西：中华正气出版社，1942 年，第 3 页。

能在丰年之时获得剩余并以此作为家庭简单再生产的基金，就很容易负债甚至失去土地。因此，"完全的自耕农"的剩余完全不可能为资本主义的发展或工业化提供任何基础。而当"完全的自耕农"转变成"完全的佃农"，因为租佃关系的成立而出现的佃租便成为农民新的剩余形式。为了产生这份剩余，佃农必须租入面积比"完全的自耕农"还要大上一倍的土地，并追加投入老人、小孩等辅助性劳动，才能生产出既能维持自家，又能维持地主一家生活的总产量。据此，"完全的佃农"的具体参数是：一对夫妇+2个老人+2个小孩投入生产，佃入20亩地耕作。

"完全的佃农"的相关参数与李伯重所勾勒的明末江南佃农家庭很相似。依据李伯重的研究，明末江南佃农家庭主要通过夫妇一同参与的大田劳动（即"夫妇并作"）来获得收入。清代中叶之后，江南佃农家庭则伴随着亩产量的增长而减少耕作面积，并增加了家内手工业的比重，夫妇按照性别分工各自投入耕、织之中。这就使"夫妇并作"转化为净产值更高的"男耕女织"。如果江西也曾出现过"夫妇并作"向"男耕女织"的变化，那么20世纪40年代江西因为资本主义侵蚀而再次出现的"夫妇并作"显然就是某种历史的后退。李伯重依据曹幸穗的研究而得出的结论完全适用于20世纪40年代的江西农村："农村纺织业遭到了近代工业的致命打击。农村纺织业的衰落导致农作劳动供给增多，因为越来越多的妇女不再纺织，只得下田，结果是'人耕十亩'被'户耕二十亩取代'，使得江南农场经营规模发生了变化。"[①]

郭大力注意到地主用三种方式支配佃租，一是维持家庭的基本消费，二是用于奢侈性消费，三是转投资。转投资最为重要。由于地主可以将佃租转投资到农村经济最主要的几种经济活动——雇佣农业工人、高利贷资本，以及商业资本——因此佃租不但是这些活动的本源，而且规制了这些活动的发展：

---

① 李伯重：《江南农业的发展（1620—1850）》，王湘云译，上海：上海古籍出版社，2007年，第170—171页。

1. 佃租对工资的规制：郭大力发现当时的江西农村经常出现地主无法佃出全部土地的情形。为了避免佃不出去的土地荒废，某些地主往往通过招募农业工人的方式来耕作这些土地。这样的地主被他称为"半地主"，也就是学术界今日通称的"经营地主"。只要招工所得之净产值能够等于甚至高于该地佃出之后所能获得的地租，"半地主"的雇工经营就可视为划算之举。在这种条件下，农业工人所获得的工资必然由地租率所规制，因此，雇工经营的方式和受雇的劳动者都不可能具有资本主义性质。

2. 佃租对高利贷利息率的规制：郭大力发现农村高利贷一般处在年利息率 20%—24%的水平。但若年利息率不断下降，下降到年利息低于同一笔款项购买土地之后所能获得的年总佃租，农村高利贷就可能停止放贷，并把资金转投资到土地，进而造成土地价格的上升。因此，虽然高利贷的利息率没有上限，但佃租的广泛存在却决定了利息率一定有下限。

3. 高利贷利息率对商业利润的规制："在商业资本和高利贷资本二者间，蓄积的地租是可以自由移动的。因之，平均说来，如果商业资本长期间的年利润，竟大大高过高利贷资本的年利息，那就会有高利贷资本被改用作商业资本。"反之亦然。①

郭大力此书最重要的理论阐述就在这里，他把佃租视为农村最普遍最主要的剩余形式，并将农村的工资和（高利贷的）利息等范畴视为佃租范畴所规制的派生物，从而在这些范畴之间理出了先后次序和因果关系。这些范畴因此获得统一的解释，形成了基于马克思主义政治经济学而建构起来的思维具体或"模型"。也因为佃租是最主要最普遍的剩余形式，因此郭大力强调：以高利贷和商业资本为代表的各种牟利活动仍然倾向于转化为收取佃租，因为佃租是农村最可靠、风险最低的收入形式。所以，不管地主获得佃租之后做出了怎样的投资活动，都不能导

① 郭大力：《我们的农村生产》，第 57 页。

向资本主义或工业化之类的有意义的经济变迁。

郭大力并非民粹主义者，但他的研究和恰亚诺夫有异曲同工之妙。首先，他们的叙述方法非常接近，两人都以典型小生产为叙述的起点，并通过不断加入各种"抽象"来展开叙述；其次，他们的重点也都是小生产如何在家庭内外的各种压力下自我维持。两者的差别在于，恰亚诺夫关注小生产如何因为家内人口变化所导致的"劳动—消费"关系变化而出现经济活动量的周期性增减，郭大力关注的重点则是典型小生产失去土地所有权之后将在多了地主家庭之寄生的条件下继续维持小生产的形式。

二、王亚南：产业资本无法在近代
中国生根的退化逻辑

《我们的农村生产》是中国第一部按照"从抽象上升到具体的方法"完成的研究著作。王亚南称这部"最精辟最能深入的小著"[1] 在他写作《中国经济原论》的过程中"给予了我不少的启示"。[2] 启示为何？从内容来看，王亚南力求让《中国经济原论》像《我们的农村生产》那样，揭示地租（主要是佃租）、利息、利润、工资等经济范畴之间的先后次序和因果关系。但他并不认为范畴和范畴之间的联系有必要像郭大力那样重新确定一个叙述的起点（"佃租"）并以此重新建构一个适合于近代中国农村经济的叙述次序。在王亚南看来，采用大致与《资本论》叙述次序相同的方式来安排《中国经济原论》的章节，便足以揭示近代中国经济的构造。比较如下。《资本论》的叙述次序是：1. 商品与商品价值→2. 货币→3. 资本→4. 工资→5. 利润→6. 利息→7. 地租。《我们的农村生产》的叙述次序是："完全的自耕农"→7→4→6→5。

---

① 王亚南：《中国经济学的建立》，《联合周报》第 2 卷第 5 期（1944 年，福建），第74 页。

② 王亚南：《中国经济原论》，第 5 页。

《中国经济原论》的叙述次序则是：总论→1. 商品与商品价值→2. 货币→3. 资本→4a. 利息与利润→4b. 工资→5. 地租→6. 恐慌。其与《资本论》相同处是 1→2→3→4→5 的叙述次序，相异处则是开端着重分析简单商品、先 a 后 b，以及置于结尾的恐慌（危机）。

以商品范畴为叙述开端的《资本论》将"资本主义生产方式以及和它相适应的生产关系和交换关系"规定为研究对象，无疑不可能直接解释近代中国复杂的社会经济结构。但王亚南认为《资本论》构筑的思维具体恰好可以作为既成的参照系，映衬出近代中国的"不正常"，进而彰显近代中国经济如何因为外国资本主义的入侵以及本国封建残余的拖累而陷于畸形。《中国经济原论》出版后，马上就有评者指责他不应以商品（而应以地租）作为叙述近代中国的开端，然而王亚南并未接纳。[①] 到了 20 世纪 50 年代，伴随着"《资本论》的研究方法是什么？"的论争的展开，王亚南才公开说明他的理由。在他看来，"从抽象上升到具体的方法"只是《资本论》采用的一种方法，而马克思实际上应用了多种方法于《资本论》，如果一定要给《资本论》的总方法一个名称，那只能是马克思自己对《资本论》的定位，即"辩证方法"。[②]

《中国经济原论》认为近代中国经济的畸形特征，就是一种把各经济范畴联系起来的逆工业化现象。这里所称的逆工业化现象，就是各种前近代资本（商业资本和高利贷资本）的猖獗活跃以及近代产业资本

---

① "到现在为止，以地租或租佃的生产关系为出发点为中心的有关封建社会经济的经济学体系，还没有建立起来，并且，就是建立起来了，也不能机械地应用它来说明中国现代的封建生产关系，因为我们现代的封建生产关系，毕竟已在解体过程中，……对于这样一种经济构成，该当怎样安排它的各种经济范畴的叙述次第呢？我觉得，透过各种带有资本主义外观的表象去把握它的本质，即是，大体依照资本主义的那个体系来分别论证它的那些经济范畴规律的非资本主义性质，由它的不是什么而确定其是什么。确定其相互间的依属关系和发展演变规律；虽然迂回一点，毕竟还算是可循的途径。但采用这样的体系，就需要借助于比较的、全面的和发展的研究方法，才能把我们这种经济形态的特点特质及其特殊规律揭露出来。"见王亚南：《中国半封建半殖民地经济形态研究》，北京：人民出版社，1957 年，第 48—49 页。此书即《中国经济原论》的最后一版。
② 王亚南：《〈资本论〉的方法》，《经济研究》1962 年第 12 期，第 19—25 页。

的相应退化。此一论点可从王亚南在 1942 年撰写的《中国商业资本论》谈起。[①] 此文虽然只作为"附论"收入《中国经济原论》，却集中预告王亚南写作此书"本论"前夕已经形成的核心论点，即"地主—高利贷资本—商业资本"的三位一体论。虽然这种三位一体论早在中国社会性质论战时期便由托派提出，但当时托派试图通过三位一体论来证明"农村资产阶级"的存在以及农业资本主义的发展趋势。[②] 相较之下，王亚南的三位一体论则强调"三位"全都属于前资本主义的性质。"三位"之中谁的收益比较高，另"二位"就会向其转化。但不管怎样转化，收取地租永远是最保险的做法，因此地主乃"三位一体"的本色。显然，同样的三位一体论，托派和王亚南的解释却完全相反。

早在 1930 年的中国社会性质论战中，就有陶希圣等新生命派的论者也试图从商业资本的角度解释中国历史，但王亚南和陶希圣等人的立脚点相当不同。陶希圣把商业资本视为中国历史的主要动力，王亚南则认为中国近代之前的特殊的地主制度（他称为"封建地主制"）本身就因易于融入商品交换（特别是允许劳动力和土地的买卖）而具有不同于西欧"封建领主"的灵活性，因此"封建地主制"是商业资本存在的前提，而不是相反。只是因为商业资本在王亚南写作《中国经济原论》的抗战期间特别猖獗，而且商业资本基本上已经因为战事而断绝了抗战前与外国资本之间千丝万缕的联系，更易见其独立活动的规律，所以王亚南以商业资本为叙述的主线。

虽然商业资本能让使用价值商品化，但因中国在很长一段时间内货币量不足（王亚南认为全国流通的总货币额截至 1932 年只有二十多亿元），而不足的货币量无法应付当时中国的商品经济需要，因此导致许

---

① 王亚南：《中国商业资本论》，《广东省银行季刊》第 2 卷第 4 期（1942 年，曲江），第 E1—E24 页。

② 如托派严灵峰所言："目前中国农村中主要的统治者无疑是乡村的资产阶级，即列宁所谓'农业经济中三位一体'兼做地主的高利贷者、商人与富农。"见严灵峰：《再论中国经济问题》，收录于高军编：《中国社会性质问题论战（资料选辑）》上，北京：人民出版社，1984 年，第 398 页。

多地方的交易只能采用实物交换、"预买预卖",或减少交易时的货币额,从而给商品经济的发展开倒车。

尽管国民政府通过一系列的币制改革为中国经济提供更好的制度环境,但王亚南认为,这一系列改革与其说是有利于中国经济的发展,不如说更有利于政府当局的财政需要,因为政府只要缺钱便能以印钞票的方式收夺物资。但钞票过量发行将造成两种后果,一是让商业资本获得活跃的空间,二是法币过量发行将导致贬值,进而使某些地方的交易又退回到不以货币为媒介的实物交换、导致工资和地租的实物化,甚至导致储蓄的贵金属化。

此外,虽然资本在典型的资本主义经济中将分化为产业资本、商业资本,以及生息资本三个部分,而这三种资本也存在于当时的中国,但王亚南认为这三种资本在中国经济里的实际状况和资本主义经济里的状况完全不同。资本主义经济的状况是先确定产业资本的利润才能确定商业资本的利润和生息资本的利息;但抗战期间的中国经济却因商业资本更易获取最大利润而使其他两种资本竞相转化为商业或者涉足商业。换句话说,社会财富的分配改变——而不是生产的扩大——才是这种利润的主要根源。而囤积居奇、贱买贵卖就是当时"从商获利"的主要方法。

中国的生息资本又可分为三部分——外国驻华银行、中国银行和钱业,以及农村高利贷资本——而这三部分各自受制于某些因素。生息资本中的外国驻华银行利息率由国际利息率决定,而农村高利贷资本则受制于地租,当(年)利息率低于(年)地租率就会出现高利贷资本向租佃地主的转化。相较此二者,中国银行和钱业的利息率的上限和下限则分别受制于不同的因素:首先,(存款的)利息率的下限必须高于商业资本的利润,否则钱就不会存进银行;其次,(贷款的)利息率的上限又不能太高,否则产业资本将因认为跟银行贷款不划算而干脆把自身向获利更高的标的转化,比方生息资本和商业资本。

基于上述因素,产业资本存在向生息资本或商业资本转化或结合的趋势,因此产业资本利润和工资不得不表现出扭曲的形态。也就是说,

"产业（这里单就工业立论）资本利润如其存在着的话（事实上，许多生产事业，根本就没有利润，生产事业经营者，以利润名义获得的那一份报酬，实不过工资转化之结果罢了），那倒反而是由商业资本利润残留下来的。商业利润不是由产业利润分出，产业利润却竟是由商业利润分出，这种剩余价值分割方式，已经是够落后了，够特殊了"。①

　　抗战期间的各种资本易于向商业转化或涉足商业的原因之一还来自当时的国内银行的放贷大多只愿短期、不愿长期，这就导致借钱来经营的资本宁可投资在获利快速的商业，进而压缩了产业发展的空间。虽然商业是当时最容易获利的领域，虽然充当外国资本之"买办"的中国商业资本往往拥有更多的投资目标，但因抗战期间的商业资本失去了外国资本的奥援和支配，这就导致商业资本更倾向于重新投资土地，以佃租的收取作为最保险的收入。王亚南据此认为商业资本转化为收取佃租的地主是中国经济的总趋势，而郭大力《我们的农村生产》中关于（年）佃租率作为（年）高利贷率之绝对下限的规律也因此始终在中国农村起作用。

　　根据以上看法，王亚南提出他对中国经济改革最核心的一条意见：为了保证工业化的产业资本的存在与发展，必须禁止商业资本流入农村，尤其是禁止商业资本转化为地主而收租。——易言之，就是废除地主所有制的土地改革。他在《中国商业资本与工业资本间的流通问题》（作为"附论"收入《中国经济原论》）中指出：

　　　　在近半年来，政府为了国营并奖助私人新兴工业，确曾尽了最大的努力。一方面鼓励商业资本工业化，一方面又得阻止工业资本商业化。迄乎今日，困难仍是有加无已。这原因最容易说明的，是商业还能保持住高率利润。……我特别要强调民生主义所明确提示我们的土地政策。土地政策所由提出的现实社会生产关系，是一切落后经济关系的基础，亦是我们这里所讨论的商工业资本流通问题

---

① 王亚南：《中国经济原论》，第36—37页。

所由发生的最基本原因。……土地商品化，不啻为商业在土地生产物囤积居奇上，得到了捷径，那同时又是商业资本逃避统制的一个方便之门。……商业同地权的关系愈形密切，它就可能腐蚀一般落后的社会生产关系，使其不易执行任何打击商业的任务。因此，我认定，在一切不彻底的限制商业资本活动的政策中，阻止商业资本向土地的进出，还不失为一个有效的法门。自然，商业资本转向土地的活动受到了妨阻，并不一定就会把它转用到工业方面。社会资本由商业移向工业，无疑还要具备一些历史前提，但如其我们不把阻止土地任意买卖的政策，孤立的来理解，定然会知道：那种政策上执行上所需要配合的其他革命步骤，将大有助于当前商工业资本流通问题所形成之社会经济基础的变革。[1]

郭大力这段话可以说明王亚南以上见解的潜台词：

> 成为一个土地所有者的利益是明白的。只要能够，谁都愿成为一个收租人。土地的自由卖买，实际没有成为中国工业促进的因素，却不过成为妨碍中国产业进步的原因。[2]

虽然王亚南尽力说明各种经济范畴在中国所发生的关系以及这种关系的畸形性，但《中国经济原论》由此呈现的叙述状态相当冗杂，全书缺乏如《我们的农村生产》那样明快的逻辑，不易阅读，而且留下不少有待实证研究来验证的问题。[3] 伴随着《中国经济原论》初版的"本论"七章在 1944 年全部发表完毕，王亚南也大致阐明了诸经济范畴

---

[1]　王亚南：《中国经济原论》，第 220—222 页。

[2]　郭大力：《生产建设论》，永安：经济科学出版社，1947 年，第 51 页。

[3]　比方王亚南认为当时的中国有三种生息资本：第一种是利率 24%—300% 之间的农村高利贷资本，第二种是利率 9%—20% 之间的中国银行和钱业，第三种则是利率 4%—8% 之间的外国驻华银行。这三种生息资本的利率互有不同，却彼此衔接，因此王亚南也断定这三者各自在不同的领域发挥作用（比如高利贷资本主要存在于农村，而外国银行和中国银行各有专属的客户类型）。与此同时，王亚南却在同一本书的其他篇目指出，中国银行和钱业已经进军一部分农村跟高利贷资本相互竞争。王亚南并未说明两种生息资本将如何相互竞争。但若打算以实证研究来检验王亚南的理论，也许可以具体考察中国银行和钱业进入农村之后是否以农村高利贷资本的最低利息率为自身利息率的上限（如此才能与农村高利贷资本竞争），并以一般为 10% 的年佃租率为下限（低于年佃租率则不如投资土地获取佃租）。

如何以畸形的状态在中国内部产生各种联系：小商品生产者产生使用价值，商业资本扩大使用价值的商品化，商业资本支配产业资本，商业利润高于并决定产业利润，利润侵吞工资，利息制约利润，地租决定农村高利贷的利息，国际利息率决定外国驻华银行利息率，以上诸条件又决定了本国银行的利息率的上下限。货币的过量发行导致商业资本异常活跃，全社会的经济活动从已有的工业生产退化，生产活动从机器向劳动退化，并从生产社会财富向社会财富在流通领域的重新分配退化，甚至是地方交易实物化与储蓄的贵金属化，结局便是"农业的，生产不足的，慢性的经常化的经济恐慌"。① 日后他将以上现象概括为三种"原始性资本"交互作用而构成的"一序列破坏性经济倾向或法则"。②

三、郭、王论小生产与工业化的关系

在王亚南看来，无论近代中国怎样努力推进工业化，只要产业资本有机会转化为商业资本、高利贷资本，以及土地所有权，就难以阻止逆工业化趋势的出现。这种逆工业化的感觉来自《中国经济原论》的写作时代。这部著作完成于抗战期间，抗战大后方因为日本的军事进攻而与资本主义世界体系产生一定的脱离。在这种与世界暂时脱钩的特殊时期，"半殖民地半封建社会"中的"半封建"性，就会在大后方显得特别突出。因此，王亚南论证的逆工业化逻辑，首先源自他对抗战大后方

① 王亚南：《中国经济恐慌形态总论》，《广东省银行季刊》第 4 卷第 1 期（1944 年，曲江），第 91 页。王亚南以下这段话亦可概括《中国经济原论》的主旨："我们的农业的、生产不足的、慢性的经常化的经济恐慌，便是在上述这一列经济运动——小商品生产，商业使生产物变为商品，商业支配产业，商业利润高过产业利润，利润受规制于利息，各种不等价交换，资本向都市向外国集中，农村各种原始资本形态的相互作用为资本在它们之间的流转，劳动驱逐机具，甚至驱逐畜力——所联同体现出的诸种法则作用下产生的。……所以，一旦世界恐慌在周期圈上走到了好转或复兴的上环，我们也就安然的觉得自己经济也步入好境了。这种错觉，被以次的皮相观察所加强，那就是，认定租与税的保持原状或增加。其实，特别像在我们这种社会，租与税的增加，不但与社会劳动生产力的减退，是可以相并存在的现象，甚且可以直接当作因果关系而必然同时呈现的现象。"见王亚南：《中国经济原论》，第 186—187 页。
② 王亚南：《旧社会生产关系与土地改革过程显示的诸规律》，《新中华》第 12 卷第 19 期（1949 年，上海），第 6—10 页。

经济的观察。他明白地说，"中国商工业资本间的不平衡发展问题，并不始自今日，在此次抗战发生以前，这个问题就曾严重的存在，不过直到战时，才因现实的迫切需要，而把这一向不大引起我们注意的问题，开始在脑中唤起而已。在这种意义上，抗战对于中国社会史的研究，确实提供了极可宝贵的社会测验"。① 抗战胜利之后，逆工业化逻辑转而应用到全国瞩目的"官僚资本"身上。以王亚南、许涤新、陈翰笙、陈伯达为代表的论者，几乎都否定官僚资本具有近代性。他们率皆认为官僚资本是一种基于"地主—高利贷资本—商业资本"三位一体的前近代资本。就算官僚资本手上掌握着现成的工业，也不足以成为工业化的主体。②

王亚南在 1947 至 1948 年间连载于上海《时与文》杂志的《中国官僚政治研究》中进一步阐述了前近代中国的官僚与工业化之间的矛盾（以此暗示近代官僚资本如何让这样的矛盾反复再生）："如其说中国农村的手工业是当作农民的副业，中国都市的手工业，就差不多是当作商人的副业，或者是对于商业的隶属。……工业隶属于农业，隶属于商业，在本质上，就不易由它自身的积累而扩展。不错，西欧在近代初期，制造业家原本有许多就是由手工业者或商人转化来的。但在中国，这条'上达'的通路，又遇到了集权的专制主义的障碍。中国过去较为普遍、较有一般需要的有利事业，如盐业、铁业、酒业、碾米业乃至后来的印刷业等等，都在不同程度上变为官业或官僚垄断之业，而它们由此等事业所获得的赢余，显然最可能转用在不生产的消费上；同时，商人或一般商工业者不能把积累用以扩展本身事业，不能'自由'找到有利事业经营，自然更加要敦促他们去购买土地，去接

---

① 王亚南：《中国经济原论》，第 222 页。
② 代表作有陈翰笙：《独占集团与中国内战》，上海《文汇报》，1946 年 12 月 23 日，第 6 版；王亚南：《中国经济原论》，上海生活书店 1947 年版；陈伯达：《中国四大家族》，华东新华书店 1949 年版；许涤新：《官僚资本论》，南洋书店 1948 年版。王亚南《中国经济原论》初版由福州经济科学出版社刊行于 1946 年，1947 年版在"本论"和"附论"分别增补了 1946 年版没有的官僚资本批判。

近官场。"①

总体而言，王亚南不太分析近代中国已经获得的工业化成果，也不认为中国经济能在没有土地改革、没有推翻官僚资本、没有驱逐帝国主义的前提下实现革新。相较之下，郭大力则尝试对近代中国如何实现工业化提出一些设想，特别是他曾就农业小生产加以专注研究。他认为中国当时广泛存在的农业小生产仍能依据自身的逻辑艰难地维系自身，但难以作为主体发生有意义的经济变迁。基于这样的看法，郭大力在1947年发表的《生产建设论》中以中国的工业化为目标，对改造农业小生产提出三种设想：

1. 通过政府与工业的力量消灭小生产：郭大力希望中国能够（在政府的指导下）建立起工业建设和农业建设相互支持的循环关系，工业提供改良农具特别是机械化农具给农业，农业则在生产力提高的情况下开始将农村的剩余劳动力排斥出去，但又有工业可以对这些劳动力予以吸收。这样的过程将引导农业小生产转化成农业大生产。"所谓农业的工业化，不外就是发展农业，提高农业上使用的资本的构成，具体的说，就是采用机械，实行大农业"。因此，"农业的工业化，实际须以工业的发展为前提：农业机械的建造，不能是农业的事，而只能是已经发展的工业的事。……农业的工业化，即大农业的实行，虽然是社会经济进化的必然趋势，但永远不会是一个自发的过程，必须有某种压力去促使它"。②

2. 在农村内部消灭小生产：他认为地主也可能成为改变农业小生产的主体。因此，他设想"地主／农民"的对立关系向"农业资本家／农业雇工"的转化是中国的农业小生产进化成资本主义大生产（农业的产业化）的最可能途径。——尽管可能是痛苦的途径。③

---

① 王亚南：《中国官僚政治研究》，收录于《王亚南全集》第3卷，厦门：厦门大学出版社，2021年，第109页。
② 郭大力：《生产建设论》，永安：经济科学出版社，1947年，第227—228页。
③ 郭大力称这种痛苦的转化是英国式道路。但就他强调将地主直接转化为农业资本家而言，似乎更接近于列宁所称的普鲁士道路。

3. 依据小生产自身的逻辑为小生产续命：郭大力认为，虽然作为农村副业的手工业因为资本主义的侵蚀而衰败，但在农村生产力尚未提升，而农村又存在危机的条件下，恢复农村副业从而为农业小生产续命仍有必要。——尽管这样的手工业将对大工业的发展造成一定的阻碍。①

虽然郭大力为小生产续命的观点只是他前述两个设想的补充见解，这样的补充见解却是 20 世纪 40 年代某些论者的主要论点。其中一位论者就是当时在国民政府财政部负责全国农业金融的顾翊群（1900—1992）。1943 年，他在中国社会经济建设协会以《中国战后农村工业化问题》为题发表演讲，指出工业化不应局限在都市，也不应以大资本为工业化的主体。他的总目标是"使都市工业分散建立于农村"。他的具体论点是：只有单个农家都能够"恢复农村手工业"为主的副业生产，充实农家收益，使农民熟稔工具使用等技艺，并促进农村所有居民之间的互助合作，这样才能最终为全国的工业化创造条件，而且可以通过手工业来吸收农业生产的剩余劳动。②

王亚南对顾翊群的理论提出异议。他在《论中国战后农村工业化》一文指出，不能在把农村和都市对立起来之后提出如何"恢复农村手工业"的问题，而应着眼于如何促使农村都市化。此外，他认为在农村存在着"大地主、中小地主、富农、小自耕农、佃农、雇农"等阶级对立的条件下，强使这些分裂开来的各阶级"平等地合作"形成一个集体的工业化单位，实是缺乏条件的做法。比如，收取地租对于地主而言总是比投入工业生产更为熟稔且安心的投资方向，因此地主未必能够积极投入工业化。王亚南的批评虽是针对以保护小生产为宗旨的合作运动而来，却也精要地勾勒出问题症结：

在现代资本主义大踏步发展的前一世纪初期，反对大资本，主张

---

① 郭大力：《生产建设论》，第 234—236 页。
② 顾翊群的演说稿《中国战后农村工业化问题》以连载方式在重庆《大公报》1943 年 6 月 20 日和 21 日发表，后由桂林《大公报》和其他刊物转载。

保护小生产者利益的所谓新经济学说，就由有名的浪漫主义经济学者西斯孟底（Sismondi）正式公表出来……此后蒲鲁东（Proudhon）虽曾在不同的立场上强调过同一主张，但直至合作主义确实表现其效果以前，反对大资本，主张小商品生产的理论，始终不曾找到一个实现其理论的有效方式。到了二十世纪，合作主义形态在对抗大资本的情形下，逐渐普遍发展起来，于是新的浪漫主义经济学者，便把合作与大资本在资本主义经济组织内部的对立，理解为可用合作组织来代资本主义经济组织的对立。把资本主义制度的副产物，看作资本主义制度的代替者。

由于合作组织，在资本主义发达的先进国家被夸大了社会功能的结果，同一组织在资本主义不发达的国度，遂很自然的被视为有代替资本主义或抵制大资本发生的社会功能。我们即使站在反大资本，甚或反资本主义的立场上，亦当不能忽略：合作是在大资本及其所关联的一列社会条件下产生，那一列社会条件如其还不存在，合作如非在真空或抽象中轻快的存在着，它就必然要受到另一列社会条件的拘束。那另一列社会条件究是一些什么呢？中国社会的现实，将在这方面给我们以明确的答复。[①]

四、土地改革与小生产的工业化（代结语）

1948 年 2 月至 3 月，费孝通以通信形式连续发表两篇讨论中国城乡关系和农村地主士绅之前途的小论文，阐述其对农村改造（特别是农村工业化）的基本观点。费孝通特别提及王亚南当时正在连载的《中国官僚政治研究》，同意他关于中国传统官业（费孝通称之为皇家独占性工业）如何借由奴隶、囚徒、民间征用劳动，以及大商人的承办，而使一般民众不易染指，最终导致传统中国难以发达工业。然而，费孝通由

---

① 王亚南：《社会科学论纲》，第 230 页。

此引申的论点却与王亚南不尽相同。王亚南当时已在理论上呼应正在开展的土地改革、推翻官僚资本，以及打倒帝国主义这三大目标。费孝通却仍然希望能够保留某种和平改造的空间。在他看来，传统中国的"城乡关系不尽是工农的关系，在乡间有很多发达的乡土工业，乡民的日用品大部是自给"。因此，工业应当分散在乡土里，但这种工业"不一定是旧式的农村副业"，而是"怎样把现代技术输入乡土工业"使乡土工业发生技术质变。此外，农村中的地主士绅应该从"特权的寄生地位"转变为"服务的地位"，"用他们的知识和技术去服务社会"，"必须由地主阶层自动另找经济基础，也就是以服务来得到生活的报酬"。——这两篇论文写在土地改革在解放区如火如荼开展的关键时刻，费孝通已看到地主士绅的命运将由剧烈的历史变局所决定，但他仍然希望"中国的地主阶层在这时代考验之下应当可以自动转变"。①

费孝通的终极关怀跟以王亚南与郭大力为代表的左翼知识分子不尽相同，但改造农业小生产、在农村找寻工业化契机，却是他们的共同目标。为了探究这个目标，郭大力与王亚南共同发现各种经济范畴（地租、工资、利润、利息等）在农村经济乃至全中国经济内部的逻辑关系，王亚南甚至进一步发现逆工业化的退化趋势，并从中得出不进行土地改革就不能实现工业化的结论。如其所言："今日国内专家学者之谈工业化，类皆在工业化应注重民生，抑注重国防；应注重轻工业，抑注重重工业；应集中在都市，抑分布在农村；应采取民营，抑采行公营这一些属于技术性的问题上着眼，而不肯率先探问到我们今日的社会条件，是否宜于任何方式的工业化。大家对于任何施行方式、任何内容的工业化，都得依据民生主义的原则，都无异议，但民生主义第一步就要求实施平均地权，改变传统的土地关系，以便根本铲除妨碍工业化的官僚主义，铲除一切掣阻着新经济形态或公有经济形态成长的落后的社会

---

① 费孝通：《关于"城""乡"问题：答姜庆湘先生》，《中国建设》第 5 卷第 6 期（1948年，上海），第 30—31 页；费孝通：《关于"乡土工业"和"绅权"》，《观察》第 4卷第 4 期（1948 年，上海），第 13—14、18 页。

根源。"而历史的辩证法在于：费孝通关怀的"乡土工业"终究还是在日后的历史进程中获得鼓励与发展，但前提却是郭大力与王亚南共同关注的土地改革在 1949 年前后的彻底实现。——地主士绅终究没能"自动另找经济基础"，于是历史的车轮碾过了他们。

章开沅与工业文化：一个继承性学术纲领

严　鹏　黄　蓉[*]

摘要：历史学家章开沅曾担任华中师范大学校长，在长期执教于该校期间，开工业文化研究风气之先。本文通过梳理章开沅的张謇研究、现代化与传统文化关系观以及"史学的参与"理论，提出一个继承性的工业文化研究学术纲领，包含弘扬工业精神、保护工业遗产以及开展工业文化研学等不同面向。

关键词：工业文化；章开沅；工业精神；工业遗产；工业文化研学

一、弘扬工业精神：以张謇研究为原点

历史学家章开沅在 1984—1990 年曾担任华中师范大学校长，在该校历史上留下了不可磨灭的印迹。在长期执教于华中师范大学的岁月里，章开沅以张謇研究开风气之先，弘扬了以企业家精神为内核的工业精神，这是其与工业文化产生关系之始。章开沅关于正确对待现代化与传统文化的思想，成为保护工业遗产的一种理论依据。而章开沅晚年提出的"史学的参与"的理论，又为工业文化研学指示了一种方向。本文研究章开沅与工业文化的关系，意在提出一个继承性的学术纲领，赓

---

　*　严鹏，华中师范大学中国工业文化研究中心副主任；黄蓉，华中师范大学中国近代史研究所博士研究生。

续华中师范大学的工业文化研究传统。

在改革开放以来的中国大陆学术史上，章开沅以张謇研究开风气之先，于 1986 年出版了《开拓者的足迹：张謇传稿》，开辟了企业家精神研究的新路径，并弘扬了工业精神。企业家精神与企业史研究，是工业文化研究的重要内容。

工业文化是一种复杂的现象，也是一个多义的概念。工业文化跨越了不同的领域、专业与学科，有的学者甚至称其为"超学科"。然而，工业文化的内核无疑是工业精神。文化可以被理解为特定社会的集体价值观与共有心态。[①] 文化对于经济的作用机制在于，人们在观念的支配下行动，不同的观念产生不同的经济行动。[②] 从这个角度说，无论是国家层面的重商主义等观念，还是市场层面的企业家精神等观念，都可以被视为工业文化，因其都对现代工业的兴起与发展产生了积极促进的作用。当然，作为两个在历史上含混不清且不断被赋予新内涵的概念，重商主义与企业家精神并非只与工业发展相关。只不过对催生了现代社会的工业革命而言，近代早期西方重商主义思想中的制造业偏好，一定程度上对以制造业为主体的工业革命起到了孵化作用。而企业家精神这个概念最知名的提倡者熊彼特，在很多时候是以现代工业或工业革命为例来说明创新和创造性破坏等理论的。熊彼特界定的企业家精神虽然以创新为内核，但同样包括一种现代工业发展所必需的勤奋进取型人格。仅仅基于这两点，重商主义和企业家精神就可以被视为有利于制造业发展的工业文化。但是，为了避免概念多义所带来的混乱，此处仅把重商主义和企业家精神中所共有的与制造业相关的观念内核抽取出来，称之为实业精神。工业是现代经济中实体部门的主体，实业精神应指一种推崇工业等实体经济并崇尚勤奋进取等工作伦理的价值观体系。由于工业文

① 杰夫·刘易斯：《文化研究基础理论》，郭镇之等译，北京：清华大学出版社，2013年，第 15 页。

② 塞缪尔·亨廷顿、劳伦斯·哈里森主编：《文化的重要作用：价值观如何影响人类进步》，程克雄译，北京：新华出版社，2010 年，第 9 页。

化一词在当前中国的政策语境下已经被赋予多层次的内涵，本身具有多义性，因此，实业精神可以被视为工业文化的核心，是讨论与发展工业文化的基本立足点。当然，此处的实业精神如果限定在工业领域，也可以直接称为工业精神。在中国历史上，张謇既以其创业实践推动了工业化进程，又留下了工业精神的宝贵财富，章开沅的研究率先揭示了这一点。

梁启超曾站在新世纪的门槛上，呼唤"崛起于新旧两界线之中心的过渡时代之英雄"，"状元实业家"张謇正是这类崛起于新旧两界线之中心且适于时代之用的英雄。① 他"大魁天下"那一年，中日甲午战争爆发，从此个人命运与国家命运犹如榫卯扣合，同休共戚。《马关条约》准许外商在中国内地投资设厂，对国内脆弱的民间资本和新兴的民族资产阶级无异于洪水猛兽，"逐渐吞噬，计日可待"②。"默察世界之大势"的张謇意识到当时面临的民族危机不同于历史上的王朝更迭，而是工业社会对农业宗法社会的全面冲击。因此，在替张之洞起草的《条陈立国自强疏》中，张謇清楚地认识到"外洋富民强国之本实在于工。讲格致，通化学，用机器，精制造，化粗为精，化少为多，化贱为贵，而后商贾有懋迁之资，有倍蓰之利"，进而阐明发展工业、因应危局的主张。③ 眼见国势日蹙，张謇毅然从传统儒生的事功道路转身，回乡办厂，投入"实业救国"的勃兴浪潮。以创办大生纱厂为起点，在张謇致力于南通实业建设的三十年间，逐渐形成以棉纺织业为中心，包括盐垦、榨油、渔业、运输、冶铁、通信、印刷、金融、市政等诸多产业在内的具有相当规模的大生资本集团，不仅有力地促进了通海地区的社会经济发展，而且在一定程度上形成一种区域近代化的模式，研究者称之

---

① 章开沅：《论张謇》，北京：经济日报出版社，2006 年，第 85 页。
② 张謇：《代鄂督条陈立国自强疏》（1895 年 7 月 19 日），本书编纂委员会编：《张謇全集 1 公文》，上海：上海辞书出版社，2012 年，第 16 页。
③ 张謇：《代鄂督条陈立国自强疏》（1895 年 7 月 19 日），本书编纂委员会编：《张謇全集 1 公文》，第 22 页。

为"南通模式"。①

一介寒儒投身工业，张謇完成了从开明士大夫到现代企业家的身份转换。但他常以"通官商之邮"的地位自居，即以绅士身份参与企业活动，其作为绅士的自觉性要大于作为资本家的自觉性。② 张謇不是孤立的个人，实际上，清末民初崛起的绅商群体具有非常明显的过渡性，很难把他们截然界定于某一单纯的阶级或阶层概念中。③ 因此，《开拓者的足迹》援引社会学有关群体理论分析晚清的士人、绅商及新兴资产阶级行列，加之家世渊源使章开沅受中国最早那批弃儒转商的民间企业家及其家族耳濡目染，故能饱蘸着"同情之理解"，勾描出过渡时代求索富强者的群像："中国第一代企业家的道路是艰险而又崎岖的，他们大都来自旧的营垒，走的是一条前人（就国内而言）没有走过的道路，路上充满着荆棘和陷阱，而且时时刻刻都面临着被外国资本吞噬的危险，要有很大的勇气、毅力和机智才能不断前进。"④ 揆诸史实，以张謇为代表的中国第一代企业家浇筑的民族工业精神至少包括下述三方面的内容。

首先是稳健务实与开拓进取并蓄。"他相信眼睛甚于相信耳朵，习惯于凭借事实而不是凭借哲理来思考，在没有思考清楚以前绝不采取行动，而一经采取行动就决心进行到底"，⑤ 这句话恰如其分地诠释了张謇的性格底色与行事风范，从他"十年磨一剑"创办通海垦牧公司可窥一斑。甲午战争期间，张謇奉命办理通海团练时，便注意到江苏滨海沿江的闲地荒滩，连续两年奏请"召佃开垦，成集公司，用机器耕种"海门荒滩，都没有回音。到了1900年，大生纱厂面临洋纱进口减少的材料短缺问题，张謇决定采用企业方式来解决原料基地问题，经营垦牧

① 章开沅：《"南通模式"与区域社会经济史研究》，《广东社会科学》1988第1期。
② 章开沅：《论张謇的矛盾性格》，《历史研究》1963年第3期。
③ 章开沅：《序言》，马敏、朱英：《传统与近代的二重变奏——晚清苏州商会个案研究》，成都：巴蜀书社，1993年，第4页。
④ 章开沅：《开拓者的足迹：张謇传稿》，北京：中华书局，1986年，第71页。
⑤ 章开沅：《开拓者的足迹：张謇传稿》，第153页。

公司再度提上议程。翌年，从勘测地界到起草章程、召集股金，张謇都亲力亲为，积极部署开工。让他始料未及的是，荒滩错综复杂的产权关系、狂风巨潮的自然灾害严重影响了工期，通海垦牧公司的基建工程花了近十年才告一段落。这十年间，张謇一边搜罗利己的凭据，同时在统治阶级内部寻求奥援，用了八年时间把荒滩的土地产权逐个清理收买；另一边不畏恶劣的天气条件，将忧患当作鞭策，筹措款项，实行"工赈"，锲而不舍地向大海索取土地，在中国垦荒史上书写了壮丽篇章。

其次是经济效益与社会责任并重。"资本家是资本的人格化，其职能和兴趣在于无休止地谋取利润"，马克思对资本家的描摹并不能完全还张謇以原貌，张謇更像是西方企业管理学大师彼得·德鲁克（Peter F. Drucker）所称的"社会企业家"（social entrepreneur），借助商业力量实现企业的社会价值。① 纵观张謇后半生经营的各种企业，他的事业驱动力与其说是为追逐利润，毋宁视为施展经世济民的社会抱负。1903年，张謇受邀参观日本第五次国内劝业博览会。对日本社会近距离观察和审视后，他在日记中写道，"然则图存救亡，舍教育无由。而非广兴实业，何所取资以为挹注，是尤士大夫所当兢兢者矣"②，更加坚定其"实业救国、教育兴邦"的行进方向，办实业是为了发展教育，这两者又是为推动地方自治奠定现实基础。张謇以大生资本集团为凭借，发展了整个通、崇、海地区的经济和文化，其意义远远超过创建若干个企业。③ 诚如他晚年述忆生平："自投身实业以来，举所岁得，兄弟次（第）经营教育、慈善、地方自治公益实业，凡所当者，自无至有，自塞至通，自少至多，自小至大，既任建设以谋始，复筹基本以虑终。"④ 三十年的苦心经营，南通从"风气盲塞之地"一跃成为"全国模范县"，正是对张謇地方自治实践的最好告慰。

---

① Peter F. Drucker: *Innovation and Entreneurship*, New York: Harper Business, 1993, p.21.
② 张謇：《癸卯东游日记》（1903 年 7 月 27 日），本书编纂委员会编：《张謇全集 8 柳西草堂日记·蔷翁自订年谱》，上海：上海辞书出版社，2012 年，第 566 页。
③ 章开沅：《开拓者的足迹：张謇传稿》，336 页。
④ 章开沅：《开拓者的足迹：张謇传稿》，333 页。

更重要的是家国情怀与世界眼光并举。奉命办厂之初，张謇便是以爱国志士的姿态进军实业的。通过研究光绪一朝的海关贸易清册，张謇发现棉花和钢铁在国民生计中占有极为重要的地位，他首先从纺织部门奋起与强邻竞争，背后是为国争利的民族大义。继而更以"棉铁主义"为号召，企望建立一个包括轻工业和重工业的独立民族近代经济体系，参与世界范围的"文明竞争"。①"一个人办一县事，要有一省的眼光，办一省事，要有一国的眼光，办一国事，要有世界的眼光"，张謇是这样说的，也是这样做的。一方面，南通只是他擘画"新新世界"之雏形，他最终是希望将这个模式推向江苏与全国；另一方面，他把民族工业置于世界市场的全局权衡其进退利弊，规划积极进取的发展方略，这反映出这位爱国企业家立足乡梓又放眼全球的情怀和格局。尤为可贵的是，他克服了当时救亡图存浪潮中悄然滋长的盲目排外主义，始终坚守理性务实的精神，将爱国思想落到教育改革、经济改革、政治改革的实处并为之奋斗。② 2020 年，习近平总书记两次提及张謇的生平事迹，称赞他是"爱国企业家的典范""民族企业家的楷模"，可谓实至名归。

在崎岖的近代化道路上，这位开拓者的足迹蹒跚而又清晰。章开沅将张謇"学而优则商"的转向生动地比喻为"脱鳞"，这种蜕变在列强环伺与内乱迭起的近代中国必然无比曲折和艰辛，伴随着传统社会分娩现代产物的阵痛。尽管直至张謇临终"脱鳞"也未能完成，但这种披荆斩棘的开拓精神恰恰成为中国工业精神谱系的原点。

二、保护工业遗产：现代化与传统文化的关系

早期的现代化研究多强调现代与传统的对立关系，认为现代化就是

---

① 章开沅：《张謇感动中国——纪念啬翁诞生 150 周年》，《南通师范学院学报（哲学社会科学版）》2003 年第 3 期。
② 章开沅：《学习张謇的理性爱国主义》，《华中师范大学学报（人文社会科学版）》2006 年第 2 期。

一个传统不断被消灭和改造的过程，把传统文化视为阻碍现代化的落后之物。而作为中国大陆最早研究现代化的史学家之一，章开沅却对现代化与传统文化的关系提出了不同的观点。章开沅提出了"离异与回归"说，认为离异与回归是人类文化史上经常交替出现或相互伴生的两种趋向，"特别是在从封建社会向资本主义社会演变的过程中，开创新制度的思想先驱对于传统文化大都有离异与回归两种倾向"。① 据此，章开沅认为："我们已经为周而复始的体用之争、西化论与本位论之争耗费了太多太多的时间，现在我们应该既超越西方文化又超越传统文化，根据现实生活与未来发展的需要来营造新的价值体系。当然，这种新的价值体系并非无根无源，无依无傍，但它既非传统文化价值体系的简单继承，更非西方文化价值体系的盲目抄袭。"② 换言之，章开沅实际上已经提出一种中国式现代化的思路，即一种能够包含与利用优秀传统文化的现代化。

章开沅的这种现代化与传统文化关系观，不割裂历史，意在挖掘现代化的内生动力，并克服现代化自身的某些弊病。1994 年 10 月，章开沅在华中理工大学（华中科技大学前身）的人文讲坛上，作了题为《传统文化与现代化》的演讲，指出："传统文化与现代文化之间并不存在不可逾越的鸿沟。任何一个国家在现代化建设过程中，对传统文化大部分是保留的……利用传统文化中有用的东西来促进现代化，这是很聪明的做法。涤荡旧社会的污泥浊水，绝不意味着与传统文化彻底决裂。"③ 这是一个简单而清晰的理论论点。在这一论点之下，章开沅展开论述，举出了一些实例，其中包括城市古建筑的保护问题："北京本是历史名城，但现在已被钢筋水泥淹没了。巴黎、柏林的老建筑保存得很好，法国古老的拉丁区至今风貌依旧，而中国摧枯拉朽地拆毁了老建

---

① 章开沅：《走出中国近代史》，北京：北京出版社，2020 年，第 148 页。
② 章开沅：《走出中国近代史》，第 149 页。
③ 章开沅：《走出中国近代史》，第 64 页。

筑。这的确是一个民族文化素养、精神境界的问题。"① 2002 年，时任福建省省长的习近平在给《福州古厝》作序时写道："保护好古建筑、保护好文物就是保存历史，保存城市的文脉，保存历史文化名城无形的优良传统……作为历史文化名城的领导者，既要重视经济的发展，又要重视生态环境、人文环境的保护。"② 这些卓见都体现了一种传统文化与现代化协调相融的辩证观。

因此，章开沅的现代化与传统文化关系观，为保护工业遗产提供了理论依据。事实上，在前述章开沅的演讲中，他已经提出要提高城市"文化遗址"的品位。③ 工业遗产无疑就是一种重要的城市文化遗址。2003 年 7 月，国际工业遗产保护协会（TICCIH）在俄罗斯北乌拉尔市下塔吉尔镇召开会议，通过了《关于工业遗产的下塔吉尔宪章》，一般简称为《下塔吉尔宪章》。《下塔吉尔宪章》对工业遗产的定义是：工业遗产由工业文化的遗留物组成，这些遗留物拥有历史的、技术的、社会的、建筑的或者是科学上的价值。这些遗留物具体由建筑物和机器设备，车间，制造厂和工厂，矿山和精炼处理遗址，仓库和储藏室，能源生产、传送、使用和运输，以及所有的地下构造所在的场所组成。与工业相联系的社会活动场所，如住宅、宗教朝拜地或教育机构都包含在工业遗产范畴之内。④ 在相当长的时间里，《下塔吉尔宪章》被广泛奉为认定工业遗产的最权威的标准。此后，工业遗产的概念逐渐传入中国并流行开来。2006 年 4 月 18 日的"国际古遗址日"，中国工业遗产保护论坛在无锡举行，发表了《无锡建议——注重经济高速发展时期的工业遗产保护》（简称《无锡建议》），可以视为中国工业遗产事业的一个里程碑。

工业遗产是 20 世纪后期形成的一个较新的概念，目前为止无论是

① 章开沅：《走出中国近代史》，第 64 页。
② 曾意丹：《福州古厝》，福州：福建人民出版社，2019 年，《序》第 1 页。
③ 章开沅：《走出中国近代史》，第 63 页。
④ 刘伯英、冯钟平：《城市工业用地更新与工业遗产保护》，北京：中国建筑工业出版社，2009 年，第 156 页。

其学理内涵，还是其公众认知度，都无法与传统的文化遗产概念相提并论。但和传统文化遗产一样，工业遗产也是人类社会的宝贵财富，它既见证了历史的发展，又传承着精神文化与价值观。18 世纪中叶发生的工业革命改变了人类的历史进程，工业社会创造了人类历史上前所未有的生产力。然而，工业革命是一个创造性破坏的进程，工业化加速了人类的创新，但也使工业本身的自我淘汰速度远远高于农业和手工业。可以说，工业遗产是工业创新的某种副产品。从社会角度看，作为工业历史遗留物的工业遗产，是工业文明自我记忆的凝结，是工业社会的一种新的"乡愁"。在工业化的最初阶段，人们的乡愁寄托于在工业社会中不再作为主要活动场域的乡村，而到了工业化自我革命的阶段后，生长于工业社会与城市文明中的人们，对工业与城市自身的遗迹产生了怀旧与眷念，这就是工业遗产本质性的起源。因此，工业遗产是现代社会历史的一部分，是城市文脉的重要构成，是现代人自己创造与留下的文化传统。这是保护工业遗产的基本依据与出发点。换言之，工业遗产这一概念的产生与传播过程，其实正是章开沅所说的现代化内部的一次文化离异与回归。因此，保护工业遗产也就是正确对待现代化与传统文化关系的具有现代性色彩的实践。

　　值得一提的是，章开沅与工业遗产有着深厚渊源。章开沅的祖父章维藩系浙江吴兴县（今湖州）菱湖区荻港镇章氏第十四世，出生于太原，成长于兰州，自幼不屑于科举入仕，酷好骑射，曾受知于洋务重臣左宗棠，参与西征之役。新疆收复后，章维藩与父亲章棣等人随同左宗棠返回江南，并前往荻港认祖归宗。后来，章维藩先后在安徽怀宁、宣城、无为等地出任知县、同知等职，因耿直敢言而被谪。甲午战争后，章维藩与张謇一样愤而从商，投身实业救国，1898 年在芜湖金马门外青弋江边兴办益新机器米面公司，亲自采购英国机器设备，是为安徽现代工业之起源。① 据史料记载，益新机器米面公司创办后发展成绩尚

---

① 章开沅：《序言》，华中师范大学东西方文化交流中心：《手泽珍藏——章维藩函札手稿汇编》，武汉：华中师范大学出版社，2019 年，第 1 页。

佳，"将届一年"便"获利万金"。正当章维藩准备大展拳脚，添置机器扩大生产时，英国领事勾结地方官对其横加阻挠，以该公司"攘夺本地砻坊工人生计"即冲击了传统手工业者营生为由，限令该公司每天只准碾米500担、磨面60担，不准超过限额，不准再行扩充。但章维藩还是比较有活动能力的，1901年限额被放宽，每天可生产面粉100担。1906年又添置新机器，扩建厂房。1908年公司改名为益新面粉公司，面粉生产能力提高到一日夜生产1 000包，由机器磨坊转变为真正的大机器工厂。① 据统计，1913年全中国共有57家民族资本机器面粉厂，日生产能力为75 815包，资本额共8 847 400银圆，其中安徽仅益新一家，资本100 000银圆。② 可以说，章维藩创办益新面粉公司，与张謇创办大生纱厂一样，在中国工业文化的历史上起到了开风气之先的作用，章维藩亦是探索中国现代化的先驱之一。益新面粉公司后来的发展几经曲折，曾不慎失火，又迭遭兵乱，损失甚巨，在民国时期一度"以运本缺乏，代人磨麦，收取工资，暂支危局"。③ 中国工业化的艰辛与不易，由此可窥一斑。如今，益新面粉公司的办公楼仍得到完整的保留，以"大砻坊"之名，成为芜湖重要的城市地标之一，并以其历史融入了芜湖的城市记忆之中。在实业上，章维藩除了创办益新面粉公司，还创办了宝兴铁矿公司，以新式机器开采凹山露天铁矿，该矿为马鞍山南山铁矿之一部分。根据章维藩的构想，该矿本应作为在秦皇岛建设的钢铁厂的原料来源，可惜在整个近代，秦皇岛钢铁厂始终未建成，凹山矿砂只能徒然被日本八幡制铁所利用，这令章维藩终生遗憾。如今的马鞍山南山铁矿也经历了从"工业锈带"到"生活秀带"的转变，当地对之进行了环境修复，以期将矿坑打造为旅游休养基地。这层家族史渊源使章开沅晚年对工业遗产的保护与利用事业直接表达了关心，这

① 上海市粮食局等编：《中国近代面粉工业史》，北京：中华书局，1987年，第10—11；24页。
② 上海市粮食局等编：《中国近代面粉工业史》，第25页。
③ 华中师范大学东西方文化交流中心：《手泽珍藏——章维藩函札手稿汇编》，第2页。

也是章氏史学值得继承与发扬的一个方面。

依据其离异与回归论，章开沅倡导正确对待现代化与传统文化的关系，呼吁"重建中国适合时代潮流的人文主义"。① 在工业文化的框架下保护工业遗产，正是重建中国新的人文主义的一种途径。

三、工业文化研学："史学的参与"不可缺位

晚年的章开沅提出了"参与的史学"与"史学的参与"这两个概念，既继承了中国传统史学的经世良风，又合乎西方公共史学的社会责任精神，堪称章氏史学的参天大树上别生新枝。章开沅指出，历史学家应该积极地参与现实生活，但历史学家参与现实社会生活，主要是以史学来参与而非其他。② 章开沅的这一思想，对于工业文化研学的研究与实践，具有重要的启发性。

劳动创造了人本身。工业的本质就是一种劳动。制造工具并运用工具进行劳动，是人类区别于动物的根本性的能力之一，而劳动工具自身的演化最终缔造了现代工业。工业文化具有崇尚劳动的价值观，因为只有劳动才能带来工业发展。"工业"（industry）一词从 15 世纪就出现在英文里，但那时所谓的"工业"和今天一般意义上所称的工业完全不同。根据雷蒙·威廉斯（Raymond Williams）的考证，industry 有两种主要意涵，其一为"人类勤勉之特质"，其现代用法的形容词为 industrious，其二则为"生产或交易的一种或一套机制（institution）"，其现代用法的形容词为"industrial"。③ 故而，industry 一词最初指的是勤勉这种伦理品质，直到 18 世纪才开始指"一种或一套机制"，而 18 世纪正是工业革命开始的年代。勤勉是一种最基本的劳动伦理，英语里"工业"

---

① 章开沅：《走出中国近代史》，第 62 页。
② 章开沅：《参与的史学与史学的参与论纲》，《江汉论坛》2001 年第 1 期。
③ 雷蒙·威廉斯：《关键词：文化与社会的词汇》，刘建基译，北京：生活·读书·新知三联书店 2005 年，第 237 页。

一词的原始含义可以追溯至勤勉，这意味着人们很早就认识到了工业与劳动之间密不可分的关系。工业与劳动的密切关系，使崇尚劳动的价值观成为工业精神的一部分。换言之，开展劳动教育，就是真正在教育中落实工业精神。可以说，劳动教育是促进工业文化发展的有效途径，而工业文化的发展也会为劳动教育提供动力与资源。

工业文化是一个跨学科的概念，在以学科教学为主体的基础教育中，不存在正式的工业文化教学，只能以各种形式渗透工业文化，潜移默化地教育青少年。研学实践教育是课堂教学的重要补充。研学旅行为学生在家庭教育空间和学校教育空间之外开辟了更广阔的社会教育空间，能够将多样、零散、泛化的社会资源整合并转化为教育资源，更好地帮助学生成长。[①] 对青少年来说，工业是相对陌生的领域，若是缺乏感性认知与直观认知，也就难以激发探索兴趣。因此，学校或社会机构通过工业文化研学将青少年学生带到工业劳动现场或工业遗产，设计一定的课程去引导他们正确认识工业，培养他们基本的劳动观念，传授与其年龄相适宜的劳动技能，让他们在动手实践中激发创造性思维，这是培育工业文化的有效途径。

在工业文化研学开展的过程中，"史学的参与"不可缺位。从劳动教育的本质角度考虑，劳动教育与工业的结合，主要还是工业精神在日常教学中的落实，而工业史最适合展示工业精神。包含企业家精神、工匠精神等在内的工业精神，与任何精神一样，具有难以捉摸的抽象性。为了将弘扬工业精神落到实处，史学能够发挥其所长，通过具体的事实与生动的案例揭示工业精神的内涵，直观地去传播工业精神。史学的这种作用，是其参与工业文化的最大价值。

具体而言，以工业遗产的保护来说，要实现工业遗产传承与发扬工业精神的功能，就必须对工业史展开研究，从而得到充分的历史知识，准确评估附着于工业遗产的相关价值。其实，工业史的研究过程本身也

---

① 祝胜华、何永生主编：《研学旅行课程体系探索与践行》，武汉：华中科技大学出版社，2018年，第4—5页。

与工业遗产的保存工作密切相关，只是这一点尚不为传统历史学界所注意。根据国际工业遗产保护协会的看法，过程记录（process recording）、工业档案与公司记录（industrial archives and company records），以及照片和影像资源（photography and image resources），皆为工业遗产的构成部分，而这些也是工业史研究的基本史料。过程记录涉及工业生产本身。有学者认为："所有的文化遗产都代表了史料；它们讲述了企业活动与商业社会、社会结构、技术与原料的使用、市场关系以及相关态度的故事。"而过程记录的核心是生产线（production line），其物质遗存也就是生产设备，"讲述了工厂的技术水平、生产者以及机器设备起源的故事"。进一步说，生产线图示（diagram）也是一种用来寻找和描绘关于生产的社会组织的实用工具，阐明了诸如不同的岗位上都配备了哪些人或谁在负责不同的生产操作等问题。① 这些内容涉及工业技术史与企业经营史。工业档案与公司记录，或者说工业企业的档案，一直是工业史研究的基本史料。从史学规范的角度考虑，只有依据档案等原始史料才能接近最真实的历史，工业企业档案的学术价值不言而喻。事实上，企业档案不只对理解企业自身的历史重要，它还可以帮助学者探究企业所在地区的经济、技术、社会、商业组织、政治甚至文化的历史发展。② 然而，档案作为一种工业遗产，缺乏展示性，也不可能全部被陈列出来，其价值只有等历史学家研究过后，通过史学家的成果揭示出来。这在很大程度上就是非物质性的历史知识，也是工业精神的重要载体。比档案直观得多的是照片和影像资源。照片对于解释社会秩序和工作组织十分重要，能够帮助人们将这些秩序与组织置于更广泛的社会语境中。影像则可以直接被用于认识工业遗产。③ 不过，照片和影像资源

①　James Douet edited：*Industrial Heritage Re-tooled: The TICCIH guide to Industrial Heritage Conservation*，TICCIH，2012，p.67.

②　James Douet edited：*Industrial Heritage Re-tooled: The TICCIH guide to Industrial Heritage Conservation*，p.72.

③　James Douet edited：*Industrial Heritage Re-tooled: The TICCIH guide to Industrial Heritage Conservation*，p.80.

的这些作用的发挥，也有赖于历史学家去解读，从这个意义上说，它们亦是一种史料。综上所述，研究工业史，本身就是对过程记录、企业档案、照片与影像资料等工业遗产的充分利用，是这些类型的工业遗产发挥其价值的真正途径。而利用这些作为史料的工业遗产展开的工业史研究，不仅能生成一种集体记忆，满足发思古之幽情的需求，更能揭示工业演化的规律，提炼出可供当代人学习与借鉴的工业精神，促进工业文化自身继续发展。就此而论，充分的工业史研究实为工业遗产保护与利用的前期准备工作，而这正是"史学的参与"。在此基础上，利用工业遗产开展工业文化研学，对青少年进行工业精神的教育，才能有充分的资源作为支撑。

章开沅在谈论现代化研究时尝言："过去、现在、未来，总是前后连续的，而且三者又都是相对而言的。基于这种认识，历史学家不仅应该积极参与现实生活，而且应该成为把现实与过去及未来连接起来的桥梁，用自己的研究成果丰富与影响现实生活，并且与人民一起追求光明的未来。"[①] 这种"史学的参与"，正宜贯彻于工业文化研学之中，成为推动工业文化以及中国式现代化蓬勃发展的力量。

---

① 章开沅：《走出中国近代史》，第30页。

产品定价权中的文化因素：
理论与策略

魏　伟　孙　星[*]

摘要：产品定价权是企业和各国争相抢占的市场制高点，本文针对产品定价权中的文化因素进行研究，尝试构造将文化因素纳入其中的产品定价权理论，并探讨将文化因素融入产品定价权的策略问题。通过系统研究纳入文化因素的产品定价权问题，提出产品文化定价权理论体系，本文丰富了现有的产品定价理论研究。相关研究结论有助于中国企业有效地将文化因素引入产品定价过程中去，提高产品的附加值，也为我国政府采取有效措施增强中国的产品文化定价权提供参考。

关键词：工业文化；文化定价；产品定价权；获取策略

产品定价理论是经济学研究中的核心问题之一，也是企业在实际经营中获取优势市场地位、最大化利润的重要命题。在经济全球化持续深入的今天，国家间产品交换和贸易的深度与广度不断增加，一国产品价格的高低已成为影响各国在经济全球化过程中所获利益多少的重要因素，而产品定价权则成为各国争相抢占的市场制高点。对

---

* 　魏伟，华中师范大学湖北经济与社会发展研究院副教授，华中师范大学中国工业文化研究中心研究员；孙星，工业和信息化部工业文化发展中心副主任。

于不断融入世界市场、积极进行海外拓展的中国企业而言，产品定价权则决定了企业能否在激烈的国际竞争市场中获得一席之地并赚取较高的利润。

现有的产品定价理论主要以西方微观经济学为基础，侧重于从市场（如产品的供求、市场结构）和技术（产品的成本、性能）等角度探讨产品价格形成机制和体系，对于文化因素在产品定价中所起到的作用以及相应机制、规律探讨较少。而近现代工业化发展历程表明，工业革命催生了工业文明，也孕育发展了工业文化，工业文化又促进推动了技术创新和新的产业革命，并成为工业社会文明的基石。随着科技进步、生产生活方式的变革，以文化因素为代表的"软实力"成为一国经济和工业实力的有机构成部分。在全球化浪潮下，文化软实力也相应在国际竞争中占据越来越重要的地位。目前世界市场范围内，发达国家依然在工业品定价领域有着巨大的话语权，而我国以及众多发展中国家在全球价格体系中却处于相对弱势的地位。与此同时，许多发达国家的跨国企业在产品定价过程中越来越重视将历史、价值观、生活方式、语言等各种文化因素、符号融入产品定价中去，借此极大地提升产品附加值。在产品质量、性能和品质相差无几的情况下，发达国家能够凭借其强大的文化软实力获得超额利润。

有鉴于此，本文尝试将文化因素纳入产品定价体系中，构造纳入文化因素的产品定价权理论和策略，从理论层面丰富现有的产品定价理论体系，为产品定价理论的拓展做出些许贡献。同时从实践层面，相关研究将有助于中国企业有效地将文化因素引入产品定价过程中去，提高产品的附加值，增强企业的国际竞争力，也将为中国政府采取相应措施提升我国的产品文化定价权提供参考。此外，相关研究对于实现《中国制造 2025》中"促进产业转型升级，培育有中国特色的制造文化，实现制造业由大变强的历史跨越"的战略目标也有着积极的参考价值。

一、文化因素在产品定价中的角色分析

（一）从世界工业发展的历史和现实来看

1. 文化在历代世界制造中心的成长与变迁中扮演着重要角色

自 18 世纪人类进入工业文明以来，世界范围内的工业制造中心多次变动，在波澜壮阔的人类工业文明发展史中，文化因素往往发挥着最深层次的作用或扮演着最后决定力量的角色[①]。西方世界之所以能够率先在近代走上工业化道路，并引领世界近三个多世纪的发展，是因为其在文艺复兴时期以后形成了尊重科学、尊重创造、鼓励创新的社会文化和风气。文化已经成为各国进行商品、人员和服务交流和合作的重要基础，文化间的认同和共识有助于一国产品和服务的对外出口和推广。已有多项研究表明，文化在国际贸易和国际投资中扮演着重要的角色，进而有力地推动一国的工业发展和经济增长。[②]

2. 文化是跨国经营必须优先考虑的因素

从最早的荷属东印度公司，再到如今的 IBM、通用电气、西门子，跨国公司在过去 300 年的工业化发展和全球化发展过程中扮演着极为重要的角色。各个工业强国无一不是跨国公司集中的国家，跨国公司的良性发展是一国工业走向强大的基础和保证。而在跨国经营活动中，文化一直是跨国公司需要优先考虑的因素。

一方面，文化差异会对跨国经营产生阻碍和负面影响，包括价值观与道德标准的差异、思维方式与行为方式的差异以及风俗习惯与宗教信仰差异等，是跨国公司全球市场成功的最大障碍。另一方面，文化差异

[①] 张明之：《从朝贡体系到条约通商：近代中国对外贸易形态的变迁》，《南京政治学院学报》2010 年第 3 期。

[②] Melitz, J., "Language and Foreign Trade," *European Economic Review*, 2008, 52（4）. Melitz, J. and Toubal, F., "Native Language, Spoken Language, Translation and Trade," *Journal of International Economics*, 2014, 93（2）. 施炳展：《文化认同与国际贸易》，《世界经济》2016 年第 5 期。

的存在也为企业进行产品的跨文化营销创造了更多机会。多样化偏好是各国消费者普遍存在的一种消费习惯，人们总会对来自国外具有异域风情的产品抱有天然的好奇心和新鲜感。通过产品的跨文化定价，把文化差异的情况有效地引入产品中去，满足当地消费者的需求偏好，就有可能开发新的市场。当然如果忽视文化差异，文化定价不准确、不充分，反而可能使得产品的销售更加困难。

（二）从我国当前工业发展的现状和阶段来看

1. 工业发展的转型升级需要文化助力

我国工业基础规模十分庞大，对我国宏观经济发展做出了巨大贡献。但也要清醒地看到，我国制造业整体的技术含量依然偏低，创造力不足，缺乏有竞争力的品牌。与世界工业强国相比，除了在技术、工艺等硬实力方面的差距，在以"工业文化"为代表的软实力方面的差距更不能被忽视。发达国家经过上百年的工业化进程才形成自己独特的工业文化，而我国工业化起点低、起步晚，目前尚处于工业化中期阶段，虽然有一些传统的手工业文化和近代工业化精神，但依然缺乏系统、完备且具有中国特色的现代工业文化和工业精神。通过传承和弘扬优秀中国工业文化，吸收借鉴国际先进经验，加快实现"培育有中国特色的制造文化"[1] 战略目标，提升我国工业"软实力"。

2. 对外贸易的进一步发展需要挖掘新动能

我国目前已经成为世界第一大货物贸易国，但贸易模式和贸易质量并未随着总量的增长而自动改善。特别是在近年来世界经济复苏乏力，中美贸易摩擦愈演愈烈的情况下，如何进一步开拓新市场、扩大出口成为一个现实问题。同时，如何提高出口质量、增加出口附加值则更是成为我国对外贸易实现可持续发展的根本性问题。如能够将更多的文化因素加入我国产品中去，通过文化影响力来吸引国外消费者，通

---

① 《关于印发〈中国制造 2025〉的通知》（国发〔2015〕28 号）。

过文化感染力来提升产品附加值，必将有利于我国由贸易大国向贸易强国的转变。

（三）从产业发展规律来看

1. 传统制造业的转型升级势在必行

随着人类经济社会发展的不断进步，人们日益重视发展的质量和效益。具有较高文化含量的产品会得到消费者更多的青睐，因为这类产品可以用来满足他们更高层面的精神需求。文化附加值也就成为产品竞争中的关键。这就要求制造业在商品的构思、设计、生产、包装、广告等各个环节进行调整以满足新的市场需求，传统制造业的转型升级势在必行。文化正是促进传统制造业转型升级的重要推动力之一，给产业赋予一定的文化品格，将文化创意融入产业之中，文化创意产业不是单纯的艺术创造，它依附于商业和生活，而且其价值可以提升产品的附加价值。① 同时，随着国际市场融合程度的不断提升，各国产业间的竞争也不断加剧，只有通过增加产品内容的丰富度与文化特质，才有助于实现产业的升级与转型，提升产业的竞争力。

2. 产品的差异化竞争日趋激烈

随着市场经济的发展，产品种类越来越多，产品之间的竞争也日趋激烈，同质化的产品很难在激烈的竞争中脱颖而出，只有差异化的产品才能得到消费者的青睐，使得企业可以赚取高于同类企业平均水平的超额利润。产品的差异化可以分为功能差异化、利益差异化、文化差异化，其中文化差异化是通过引入特定的文化因素，给予产品相应的文化内涵。由于文化的生成有赖于特定的历史传统、地理条件、社会风俗等，即使是企业自身创造的文化，也与其所处的环境密切相关，并且一般需经历长期的沉淀而形成，因此从竞争的角度而言，这种差异化相对难以被模仿和超越。另外从价值的角度看，将丰富的文化内涵引入产品

---

① 参见 2013 年 6 月 24 日举行的"创意产业与品牌建设"高端论坛上广东省社会科学院科研处处长丁力的发言。

中，可以使产品相对于竞品获得独特的价值，从而利用文化价值的差别性效应提高产品的竞争力和附加值。

二、文化因素融入产品定价权的理论研究

产品定价权与产品的定价机制密切相关，是定价机制的核心和关键所在。产品定价权的获取建立在对于产品定价机制的准确理解和清晰把握基础之上，因而有关纳入文化因素的产品定价权问题的讨论也必须首先对产品的文化定价机制进行系统的梳理和总结。我们将首先对影响产品定价的文化因素进行分析和梳理，然后系统探讨融入了文化因素的产品文化定价权问题，包括产品文化定价的原则、产品文化定价的方式、产品文化定价权的获取以及产品文化定价权的影响因素，由此构建起融入文化因素的产品定价权整体理论框架，如图1所示。

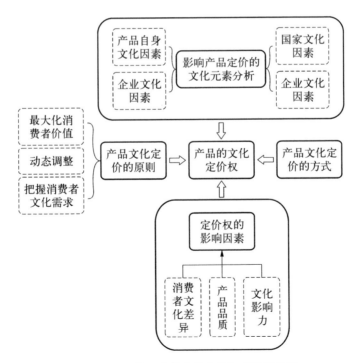

图1 融入文化因素的产品定价权理论架构图

（一）影响产品定价的文化元素分析

明确产品的文化定价机制是获取产品文化定价权的基础，而明确定价机制首先需要对文化进入产品价格的方式和渠道进行分析，结合已有研究和我们对于文化在产品定价中的角色分析，我们认为以下一些方面的文化元素会对产品的定价产生影响。

1. 产品自身文化元素对于产品定价的影响

产品自身文化元素主要由产品审美价值、产品精神价值、产品社会价值、产品品牌价值等四个方面构成。这些文化元素从不同角度再构了产品，增强了产品的差异性、稀缺性、特色化和消费者忠诚度，从而使自身具有文化元素的产品在价格上能够超越缺乏文化元素的同类产品。产品审美价值对价格产生影响主要在于三个方面的因素，包括消费者审美价值观、企业对于消费者审美偏好的迎合以及消费者的从众心理。产品精神价值对产品定价权的影响主要在于产品能够满足人们特定的精神需要。产品社会价值则借由消费者展示财力的动机而生成溢价。产品品牌价值是一种非独立性的价值，它融合了产品其他价值属性的部分性质。品牌对于产品的定价权的影响则是垄断性的。

2. 企业文化元素对产品定价的影响

企业文化元素对产品定价的影响主要是指生产者将处于生产环节的文化元素恰当地注入产品的生产过程中，最终实现产品价值增值的效果。该文化元素主要包括生产者企业文化、生产者企业声誉以及生产者企业名人效应三个方面。生产者企业文化是从事生产的企业在长期的生存与发展中逐渐形成的并为企业多数成员所共同自觉遵守的基本信念、价值标准与行为规范，可以通过相应的机制和渠道对产品定价产生影响。生产者企业声誉是指生产者企业过去一切行为的综合体现，这些行为反映了企业向各利益相关者提供有价值产出的能力。生产者企业声誉的提高能够为其产品价格的提升创造条件，促使企业在产品定价上具有更大的灵活性和自由度。生产者企业名人效应，是指生产厂商利用名人的知名度，吸引下游企业的注意力，以达到强化企业产品价值、扩大产品与企业社会影响的效果。

3. 国家文化元素对产品定价的影响

国家文化形象是一个国家文化传统、文化行为、文化实力的集中体现，任何一种国家文化形象的形成都离不开特定的自然条件和社会历史条件。在全球化时代，国家文化形象对国内外经济、政治、文化等方面的影响日趋加强，世界各国高度重视国家文化形象的塑造，并通过实施文化战略来树立国家文化形象以维护拓展本国利益。在诸多国家文化形象中，国家工业形象对工业品的定价权产生更为直接的影响。消费者面对来自不同国家的产品时，不可能掌握市场上所有产品的内部信息，只能依靠对外在线索的质量感知来进行选购，而国家工业形象是重要的外在线索之一。

4. 地域文化元素对于产品定价的影响

除了国家层面的文化元素会对产品文化定价产生影响外，一国内部不同地区由于历史、地理、民族和社会等多方面因素会形成差异化和特色化的地域文化，这些地域性文化相应地会对本地区产品产生文化溢价。特别是对于幅员辽阔、历史悠久的国家而言，其境内一般存在着较为明显的地域特色文化，产品的生产都是在某些特定地域进行的，不可避免会受到地域文化的影响和浸染，巧妙融入地域文化元素的产品，通过表达文化神韵，能够让产品的使用者领会其地域文化特色，还可以让其对地域文化产生感情，进而对产品本身产生较高的认同感，消费者心理对于产品的价值评定也会相应提高，从而为产品进行文化定价提供了基础和条件。

（二）产品文化定价权的形成和获取

将文化因素融入产品定价权中，从而可以形成产品的文化定价权，而要获取产品文化定价权，首先要对企业在市场中所处的地位、所面临的有利和不利的内外部环境、企业产品文化的特点以及产品价格波动等各种影响因素有一个全面客观的认识。在此基础上才能客观理解当前和未来的市场形势，从而积极主动地采取各项措施，有效地提升企业在定价过程中的影响力。下面我们将具体从产品文化定价的原则、产品文化定价的方式、产品文化定价权的获取以及产品文化定价权的影响因素等几个方面展开论述。

1. 产品文化定价的原则

随着经济社会发展水平的提升和消费者对于更高精神追求的向往，产品的文化价值也成为产品价值的重要构成部分。在进行产品文化定价的过程中，必须坚持以消费者价值最大化为核心，在充分考虑消费者价值构成及其特点的基础上，将文化元素有机地融入产品定价过程中去，使得消费者的整体价值达到最大化。企业在定义产品的文化价值时，应当更多地从消费者的角度，而不是企业的角度来定义产品的文化价值。如果一家企业希望能通过自己的产品为顾客增加价值，必须首先要弄清楚消费者需要什么样的文化价值，真正有意义的文化价值创造必须是得到消费者认同的价值创造。此外顾客感知价值是动态的，产品的文化价值也应相应做出动态的调整，不断满足消费者价值感知的变化。

2. 产品文化定价的方式

文化因素作为一种精神层面的要素，其本身的价值存在难以定量核算、随市场需求变化而较大幅度变动等特点。考虑文化要素自身的特性以及与其他生产要素在形态、价值构成方面的差异，我们认为对产品进行文化定价时，采用需求导向定价法为主的定价策略是比较合适的。企业在按照需求导向法进行产品的文化定价时，首先通过对消费者需求和偏好的分析，结合产品自身文化因素的特点和内涵，事先估计产品的文化因素能够在多大程度上影响和吸引消费者，并对其在消费者心目中的价值水平进行初步的判断。文化因素的引入，使得消费者不仅仅根据功能、质量等传统因素对产品进行价值判断，还会根据产品中所蕴含的文化因素对产品的价值进行判断，从而形成对企业有利的价值观念。企业进而根据产品的生产成本、市场环境、企业的发展和营销战略等制定出最终的包含文化因素的产品价格。

3. 产品文化定价权的获取

在对产品进行文化定价的基础上，获取产品的文化定价权则是企业经营的更高层次目标。产品文化定价权的获取需要进一步从产品策略、品牌策略和促销策略三个方面进行，通过文化因素在上述环节的有效引入，重构企业整个产品价值链，形成对手难以模仿的竞争优势，由此企业可在市场定价中掌握主动，并最终掌握产品的文化定价权。

（1）产品策略的实施

首先要对产品的文化定位进行准确分析和确认，该策略要点在于明确自己的产品满足消费者什么样的文化需求，同时与竞争对手相比较，自己产品在满足这种文化需求方面能够提供什么样的差异化体验。其次，在实施产品设计和开发时，根据企业产品的自身特点以及目标消费者群体的文化背景和文化需求，把消费者认同的文化与企业所想要传递的文化价值观做有效结合，使产品的设计和开发同时成为文化创造和塑造的过程。一旦通过独具特色的文化内涵设计赋予了产品文化气息和情感色彩，就能够在企业产品与消费者文化需求之间搭建起沟通联系途径，就会影响甚至塑造消费者的产品文化偏好，更好地满足消费者的文化需要，也为产品的销售开拓了广阔的市场。

（2）品牌策略的实施

一般而言，优秀的品牌通常具有良好的文化底蕴，消费者购买产品时会根据品牌来进行选择，因为品牌所代表的不仅是产品的功效和质量，也代表了产品的文化品位，是生产者对产品特征和服务的一贯性承诺。文化是凝结在品牌上的企业精华，也是对渗透在品牌经营全过程中的理念、意志、行为规范和团队风格的体现，它能够提高品牌的附加值，使产品能够与其他同类产品形成差别化的竞争。文化赋予了品牌更多的想象力和感染力，也使得产品品牌更加鲜活、更加具有人情味。融入文化要素的品牌战略的实施，将有效提升企业的核心能力，从而有助于企业获取产品的文化定价权。

（3）促销策略的实施

企业如能在促销活动中渗透产品的文化，以文兴商，就可以在企业与消费者之间建立相互信任与忠诚的情感模式，触动消费者。同时针对性设计的促销策略，可以有效地将产品的文化内涵和文化价值向消费者进行传递和输送，促使消费者接受并认可本产品以及其所代表的文化内涵，从而影响消费者的感情偏好，确立产品在消费者心目中的地位，降低消费者对于本产品的需求弹性，能够在产品价格制定方面有着更大的灵活度和自由度，从而掌握产品的文化定价权。

4.产品文化定价权的影响因素分析

（1）产品自身的品质

文化因素并不能单独存在，必须依附于一定物质形态的产品，而且文化因素是产品的附加值，产品本身所具有的使用价值是整体价值的基础和根本。如果产品在功能、质量、性能等方面的品质达不到一定的水准，即使有强大文化因素的介入，这些文化因素也难以避免成为无本之木、无源之水，只有具备一定品质的产品才有可能在市场上获得文化定价权。企业应该通过加大研发投入、优化流程管理等多方面举措切实提高产品的品质，让产品的内在品质与产品的文化内涵相互融合、相互支撑，共同构成产品的价值基础。据此再通过产品策略、品牌策略和促销策略等来夺取产品的文化定价权。

（2）消费者的文化差异

不同国家、地区、民族和背景的消费者有不同的价值观和文化传统，形成不同的消费习惯，对某种产品的价值理解也就不一样，相应地对于产品文化价值的需求和偏好也有差异。注重消费者的文化差异，就要求在实施产品文化定价时要了解目标市场的行情，了解当地的民风民俗、语言习惯、文化现象，了解当地消费者在市场竞争中的消费需求、消费心态、购买习惯等，从而有针对性地对产品及销售策略等进行调整，做到有的放矢。

（3）产品文化的影响力

产品文化的影响力是获取产品文化定价权的基础和保障。产品文化影响力的强弱既取决于企业自身在文化因素投入方面的力度和企业文化的塑造，也取决于企业所在国家、所在区域的整体文化。企业文化的塑造包括企业自身要在日常生产经营活动中，营造并保持良好的企业文化和氛围，诸如打造"创新、进取、追求品质"的企业质量文化，也包括企业为产品所设计和营造的文化的影响力。特定国家和区域的文化是企业文化孕育和生长的土壤，国家和区域文化的外部影响力会直接对产品的文化影响力产生作用，一个强大的外部文化影响力会为产品文化影响力加分，反之则会削弱产品的文化影响力。因此，文化定价权的获取不仅要从增强企业文化影响力入手，也需要在国家、区域层面形成整体的文化合力，最终提升产品的综合文化影响力。

三、文化因素融入产品定价权的策略研究

基于前述研究，我们提出以下促进我国获取产品文化定价权的整体策略：首先是独特文化的打造和培育，只有产品被赋予的文化元素具有内涵和吸引力，才能够使其在市场上获得认可和接受；其次，通过在设计和制造中融入文化基因，制造出富有文化内涵的产品；再次，通过树立品牌战略和营销策略，对产品进行推广和宣传，满足消费者更高层面的精神文化需求，最终获得产品的文化定价权。

（一）国家层面的措施

世界上各工业强国，无一不在国家层面有着良好的、得到各国消费者普遍认可的工业文化及代表产品，这种国家层面的优秀文化赋予了所有产品一种文化溢价。中国制造要在世界市场中获得产品的文化定价权，首先应该从国家层面赋予中国制造一种先进而富有感染力的文化内涵。一是加强对本国传统文化的挖掘和保护，在经济全球化的今天，文

化也在全球化，而且文化与经济存在相互促进、互融共生的关系。挖掘利用本国传统文化，特别是中国传统的工匠文化，可以赋予中国制造深厚的文化底蕴。二是实施"文化产业化"和"产业文化化"的"两化融合"战略。在将文化作为一种产业进行发展的同时，兼顾传统文化遗产的保存与现代文化的振兴。同时也应该注意文化和产业之间的另外一层关系，即文化与其他产业相结合所形成的"产业文化化"，从而提升各类传统产业的文化内涵，借文化元素的导入创造出高附加值的产品，获取更大的经济利益。三是完善工匠制度，培养创新性高素质人才。我国应该进一步构建和完善工匠制度，加强和创新职业技术教育，提高技术工人待遇，完善职称评定制度，让更多年轻人看到学技术的红利，走技能成才、技能创业之路。同时注重具有文化意识和先进技能的复合型人才的培养。四是对内进一步提升工业制造标准和强化知识产权制度保护。要通过严格的标准和质量管控体系，以过硬的质量、时尚的设计、精良的做工树立中国制造的良好品牌。良好品牌的保护则依赖于知识产权制度的完善，特别是与文化相关的产业发展更需要知识产权的保护，通过进一步加强知识产权制度建设，保护原创品牌，鼓励创新。

（二）地域层面的措施

我国是一个幅员辽阔而地域文化差异较大的国家，不同地区、不同民族有着各具特色的历史文化传统和区域文化特色，这些区域文化带有很大的地域性和较强的稳定性，其存在的价值观念得到了社会的高度认同。在产品的文化定价权获取中，地方政府和区域性行业协会等组织也可以发挥积极的作用，通过利用和打造特色区域文化，给区域内产品赋予文化内涵，促使产品由"同质化"转向"特色化"，协助区域内产品获得文化溢价。一是挖掘和推广地域特色文化，打造地区品牌和文化品牌。可根据本区域的历史文化背景、特色和传统，共同挖掘、提炼本地区最具特色的文化特色（既包括器物层面的，也包括精神层面的），对区域内特色产品品牌形象文化打造进行总体规划，在区域文化主线的基础上，使不同领域、行业的产品形成一个群体，并加以推广和宣传，促进这种本土的、传统的和民族的文化构成系统与当代产品设计、生产体系相融合，以促进区域文化对地方特色产品产业产生强大的推动力。二是加强地区企业引导和行业自律，规范地区产品标准。可以借鉴法国波尔多地区葡萄酒行业的做法，通过制定行业标准和规范，确保产品品质和质量，保护和发扬好地域优秀文化。推动地域优秀文化的繁荣和发展，使地域文化成为企业产品文化的重要源泉和宝库。三是搭建区域性文化创意中心和平台，提供市场化的文化设计服务。可以依托文化产业园区和集聚区，培养扶持专门的文化创意设计企业，专门为其他生产型中小企业提供融入文化要素的、符合客户需求的或者全新的设计方案。比如浙江诸暨大唐镇建立的"袜艺小镇"，就为各类才华横溢的新兴艺术家和设计师提供开放、多元的创作环境和交易平台，实现袜业艺术文化与商业的碰撞融合，也为创意作品商品化提供实验舞台。

（三）企业层面的措施

企业是获取产品文化定价权的具体实施者和执行者，也是产品文化定价权获取战略中最核心的、最为基础的要素。企业要有一个整体的企业文化观，企业文化既包括它向市场推出的各种产品和在消费者心目中树立的品牌形象，也包括企业的经营理念、企业员工的共同价值观和企业内的规章制度、管理风格等。企业在产品的构思、设计、造型、款式、装潢、包装、商标、广告等不同阶段、不同层次，都需要把文化要素纳入其中，切实落实文化的影响力，从而使消费者全面地了解品牌，这样在市场上才能更好地掌握产品的文化定价权。

一是在产品的文化定位方面。通过对产品的目标市场进行细致调查，明确核心消费者的文化价值观念。然后挖掘企业内部、企业所处地区和国家的文化内涵，最后找出企业及其产品满足目标市场消费者文化需求的契合点，以此为基础，对企业文化进行更加准确的定位，使之兼具差异性和适宜性的特征。

二是在产品的设计方面。现代工业设计中产品设计是整个设计工作的核心，包括产品定位、外观设计、产品功能、产品性能等方面，在现代产品功能同质化越来越严重的当下，产品的文化内涵则逐渐成为影响消费者是否购买的一个重要因素，而产品设计正是决定产品文化内涵的一个核心而根本的环节。在对产品进行设计时，应明确设计理念，找准设计发力点，以品质为前提，将文化因素融入设计，或者在设计中创造新的文化，并随时随地进行革新和变通，倡导"产品就是艺术"的设计理念。设计者既可以利用企业外部文化进行设计和创造，也可以设计创造企业自身文化。

三是在产品的包装方面。产品包装是能够直观体现产品文化特质的重要渠道，通过对产品进行巧妙的包装，充分体现企业的文化内涵，提升文化品位、文化气息与氛围，从而建立起产品与文化需求的联系，能够给予消费者理性与感性的双重冲击。具体可以从包装材料的选择、包装款式和图案的设计等方面入手，将文化因素纳入其中。

四是在产品的品牌塑造方面。品牌是企业竞争的核心，无品牌的企业无竞争优势可言，相应的品牌文化也是产品文化的核心。名牌之所以能给消费者强大的感召力和吸引力，主要就是名牌所体现出的文化价值和文化精神。在品牌塑造的过程中，文化起着凝聚和催化的作用，企业要把独特的文化内涵融入品牌中去。首先，在产品生产中注入品牌文化。其次，结合目标市场，赋予品牌新的文化内涵，同时要以更持久的方式把产品的文化内涵转变为企业品牌内涵，厚积品牌资产，建立起超值的品牌文化，让目标受众从其品牌形象中感受到品牌的民族化、特色化和亲和力，引导顾客的购买倾向，促进产品销售，从而获取或巩固产品的文化定价权。

五是在产品的营销方面。无论是优秀的品牌，还是优势的产品文化，最终都是要通过营销的方式向广大消费者和受众进行传播，而优质的产品也需要合适的渠道进入消费者手中。传统的营销方式多侧重于产品而非文化的传播，因此在获取产品文化定价权的过程中，要更多地使用文化营销的策略。强化营销团队的产品文化意识，充分利用各种有效途径传播企业文化，让消费者认同产品的品牌文化，使客户在使用产品的过程中逐渐形成一种文化依赖。

工业文化融入高中历史教学的
理论与实践

陈文佳*

摘要：工业文化融入高中历史教学响应了国家政策的引导，为落实劳动教育提供了教学资源，也是实现高中历史教学目标的必然。工业文化融入高中历史教学的路径包括在历史课堂教学中讲解工业文化内容、依托校本课程开设工业文化选修课和研究性学习，以及利用工业文化遗产开展工业文化研学活动等。工业文化教育尚在起步阶段，需重视教师培养、完善研学场所建设、扩大社会影响力，这样才能真正落实"工业文化进校园"的政策。

关键词：高中历史教学；工业文化；工业文化教育；劳动教育

工业文化教育是工业文化传承的一种方式，其宗旨在于培育合格的工业社会劳动力，促进工业的健康良性发展，并维护工业社会的基本机能。[①] 伴随教育活动的开展，历史上优秀的劳动精神得以在工业社会一代又一代的劳动者间传递。国家重视发挥教育对工业文化传播所起的基础性作用，通过政策的引导，持续推广工业文化教育。要使成长中的青少年重视工业精神、继承优良的劳动品质，必须重视利用基础教育这一平台，拓展工业文化的传播路径。高中历史教学承载着

---

* 陈文佳，福建省福州市第二中学教师，硕士毕业于华中师范大学历史文化学院。

① 王新哲、孙星、罗民：《工业文化》，北京：电子工业出版社，2018年，第394页。

传播优秀文化、弘扬家国情怀的教育功能，依托其展开工业文化教育，既符合国家巩固实体经济的制造强国战略，又落实了劳动教育。作为教学资源的工业文化，将反哺历史课堂，拓展历史教学的边界，打通历史与现实的沟通渠道，使历史学科教学更契合工业社会的人才培养要求。

一、工业文化融入高中历史教学的必要性

（一）国家政策的引导

工业文化对于塑造人们的社会生活、促进工业的发展以及满足人们精神世界的需求都有着重要的作用。有人将其比喻为保证工业社会正常运行的"润滑剂"——"时刻调节工业发展过程中人与人、人与机器、人与社会、人与自然之间的关系，使之更加和谐，从而保障复杂的工业社会得以顺畅运行"。[①] 国家政策十分重视工业文化的传播，在《关于推进工业文化发展的指导意见》中，明确提出要深刻认识工业文化发展的战略意义。该文件分析了目前的局势，认为我国尽管已经是制造业大国，但工业"大而不强"的问题仍然突出。工业文化的发展相对滞后，体现为"创新不足、专注不深、诚信不够、事业精神弱化"，从而"严重制约了我国工业的转型升级和提质增效"。因此，"大力发展工业文化，是提升中国工业综合竞争力的重要手段，是塑造中国工业新形象的战略选择，是推动中国制造向中国创造转变的有力支撑"。[②] 该文件强调了教育对传播工业文化的基础性作用，指出："推动工业文化教育。鼓励开展工业文化进校园、技能人才进课堂等活动，支持企业、工业园区等设立工业实训基地、青少年工业文化教育示范基地，开展多层次的

---

① 王新哲、孙星、罗民：《工业文化》，第 206 页。
② 中华人民共和国工业和信息化部：《关于推进工业文化发展的指导意见》，[2017-01-06]. https://www.miit.gov.cn/zwgk/zcwj/wjfb/zh/art/2020/art_559d8578418448448f8f7532c97ad8fc.html

工业文化教育活动。"① 它首次在政策层面确立了工业文化教育的重要性，并促使相关实践兴起。

对工业文化教育的政策推广是持续性的。2020 年，国家发改委、工信部等五部委出台的《推动老工业城市工业遗产保护利用实施方案》提出 "鼓励各类学校结合课程设置组织学生到（工业）博物馆开展综合实践活动"，以及发展以工业遗产为载体的研学旅行。② 2021 年，工业和信息化部会同国家发展改革委、教育部等共八部门联合印发了《推进工业文化发展实施方案（2021—2025 年）》，强化了在综合实践课程中进行工业文化研学的指导，提出要 "发挥工业文化研学教育功能，鼓励各地利用工业遗产、老旧厂房等设施培育一批工业文化研学实践基地（营地）。创新工业文化研学课程设计，开展工业科普教育，培养科学兴趣，掌握工业技能"。并且该文件再次强调 "推进工业文化进校园"，尤其是指在高校和职业学校的相关专业、学科的建设中融入工业文化，"支持开展理论研究和教学实践，将工业文化有机融入精品课程，推动工业文化学科体系建设"。③

由此可见，国家政策对工业文化教育的引导主要在三个方面：第一是在高等教育中推进工业文化的理论和实践研究，丰富其学术成果；第二是在学校教育，包括高等教育、职业教育和基础教育等各级学校中，推动工业文化进校园、进课堂，发挥学科教学的育人作用；第三是鼓励利用当地的工业文化研学资源，进行课外综合实践和研学旅行，使学生直观地感受与认知工业文化。高中历史教学是基础教育的一部分，历史

① 中华人民共和国工业和信息化部：《关于推进工业文化发展的指导意见》，[2017 - 01 - 06]. https://www.miit.gov.cn/zwgk/zcwj/wjfb/zh/art/2020/art_559d8578418448448f8f7532c97ad8fc.html

② 中华人民共和国国家发展改革委、工业和信息化部等：《关于印发〈推动老工业城市工业遗产保护利用实施方案〉的通知》，[2020 - 06 - 10]. https://www.miit.gov.cn/jgsj/zfs/gywh/art/2020/art_26cce0ad32be4915b49c75edb5675b0c.html

③ 中华人民共和国工业和信息化部：《推进工业文化发展实施方案（2021—2025 年）解读》. [2021 - 06 - 04]. https://www.miit.gov.cn/jgsj/zfs/gywh/art/2021/art_35175386db9746499afd94a73640f3f6.html

学科又是课外综合实践和研学旅行普遍涉及的相关学科，将工业文化的内容融入历史学科教学，响应了国家政策的号召。

（二）落实劳动教育

劳动教育是中国特色社会主义教育制度的重要内容，直接决定社会主义建设者和接班人的劳动精神面貌、劳动价值取向和劳动技能水平，其教育目的在于，培养学生理解马克思主义劳动观、崇尚劳动精神、尊重劳动者、培养劳动精神。[1] 家国情怀是高中历史学科核心素养之一，而劳动精神是家国情怀的重要构成内容，因此，在高中历史教学中落实劳动教育，既是国家教育政策的导向，也是高中历史教学的要求。随着人类的劳动方式的变化，劳动精神的内涵也在改变。不同的历史阶段，有不同的劳动方式，崇尚不同的劳动精神。工业的本质是一种劳动，工业的生产方式形塑了工业社会的产业面貌，人们通过劳动进行工业物质生产，因而工业文化具有崇尚劳动的价值观。要从历史学习中获得对劳动的认可，培养学生的劳动意识，必须加强对工业社会全方位认识，以进行辛勤劳动、诚实劳动、合法劳动等方面的教育，实现工业文化的历史传承。

《普通高中历史课程标准（2017 年版 2020 年修订）》强化了劳动教育在中学历史课程中的渗透价值，相关内容主要被安排在涉及工业的课程内容中。在高中历史选择性必修课程模块 2"经济与社会生活"中，课程内容要求学生"了解劳动在社会生产中的作用，以及历史上劳动工具和主要劳作方式的变化；认识大机器生产、工厂制度、人工智能技术等对人类劳作方式及生活方式的影响；理解劳动人民对历史的推动作用，以及生产方式的变革对人类社会发展所具有的革命性意义"。[2]

---

[1] 中共中央、国务院：《关于全面加强新时代大中小学劳动教育的意见．[2020-3-20]》，http://www.gov.cn/gongbao/content/2020/content_5501022.htm
[2] 中华人民共和国教育部制订：《普通高中历史课程标准（2017 年版 2020 年修订）》，北京：人民教育出版社，2020 年，第 27 页。

修订后的表述并没有改变利用工业文化知识点教学来培养学生唯物史观的思路，只是将"智能技术"改为"人工智能技术"，使表述更为严谨，而真正重要的修订在于明确增加了劳动教育的内容。修订后增加的"了解劳动在社会生产中的作用"以及"理解劳动人民对历史的推动作用"，不仅明确了该课程内容要求所包含的唯物史观的内涵，还特别突出了劳动，这很明显是要通过该课程内容落实劳动教育。唯物史观认为，工业的历史是活态的历史，工业的历史叙事是一种凸显劳动者居于主导地位的历史叙事。当下的历史阶段，仍处于工业时代，工业生产方式的屡次革新以及工业文明的日益成熟是依靠劳动创造的，学习这段历史，知晓工业社会的巨变和面临的新的社会问题，学生才能更加深入地理解劳动对人类社会发展的意义，从而落实劳动教育的目标。

（三）作为历史课堂教学内容的工业文化

从相关性上来说，工业文化有明显的时代、内容上的限制，因此其在课标中的分布也集中于近现代史和经济史类别，而在以课标为基准设计编写的《中外历史纲要》和《选择性必修 2 经济与社会生活》历史教科书中，工业文化的内容渗透在教材对工业社会及其产物的表述中，以唯物史观的视角展开，并按照培养学生时空观念、史料实证的要求，以类型多样的史料来展现工业社会的图景及不同维度下工业给人类文明带来的巨大变化。工业化作为我国从近代以来的不懈追求，时常与独立、文明、富强等民族民主革命目标和社会主义现代化建设联系在一起，其本身已经成为爱国精神的一部分。教材在描述我国的工业发展史时，对工业化进程中涌现出来的先进事迹，着墨颇多，整体的态度为鼓励、肯定的倾向，强调工业化对中国经济发展、综合国力增强的重要性，注重运用具体的例子和事迹，来凸显工业精神和劳动精神所能赋予中华民族复兴的强大动力，符合国家政策对工业的推动，希冀引起学生对民族工业发展的重视和对我国工业进步的自豪之情，以达成家国情怀的素养。例如，普通高中历史教科书《中外历史纲要（上）》第 27 课

《社会主义建设在探索中曲折发展》就在"学思之窗"栏目中，呈现了一段关于大庆精神的材料，指出"20世纪60年代初，大庆工人吃大苦、耐大劳，坚持'三老四严''四个一样'，和'爱国、创业、求实、奉献'的精神风貌，出色地完成石油会战，摘掉了中国贫油的帽子"，并提出"结合这一材料，请思考为什么说艰苦奋斗、奋发图强是那个年代的时代精神"的问题。另外，教材还配有先进工人代表、劳模王进喜的日记一图。① 教材以王进喜亲切的语言风格，勾勒出一个志愿为社会主义建设、为国家工业化献身的、伟大的劳动者的形象，拉近了学生与工人这一群体的距离。教师利用本栏目的史料引导学生学习先进人物事迹，使学生认识到劳动在我国社会主义建设中所发挥的作用，鼓励学生继承和发扬劳模精神，自觉投身社会主义建设，并培育正确的人生观和价值观，以体现劳动教育的现实意义。

对西方先进工业国家的描述，则带着客观、辩证的评判态度，既肯定工业化是全人类共享的成果，又对西方国家在发展工业的进程中伴随的资本主义殖民扩张予以强烈的批判，尤其要求学生应具备历史解释的能力。工业化首先发生于欧美国家，因此教材对工业革命给欧美国家带来的社会剧变着墨较多，引导学生辩证地看待两次工业革命的影响。普通高中历史教科书《中外历史纲要（下）》第10课《影响世界的工业革命》可谓与工业文化直接相关的内容。该课的编写分为三个子目：工业革命的背景、工业革命的进程和工业革命的影响，教材的编写思路十分清晰。教材导语部分采用了回顾初中知识的方式，采用"工业革命"始于"珍妮纺纱机的发明"的说法，其革命性在于"机器生产开始代替手工劳动"。第一个子目"工业革命的背景"，先是阐述了工业革命的概念，即"一系列技术变革引起的从手工劳动转向机器生产的重大飞跃"，接着阐明了工业革命首先爆发在18世纪英国的原因和条件，并在"史料阅读"栏目引用了马克思经典著作对工业革命爆发的解

---

① 教育部组织编写：《普通高中历史教科书中外历史纲要（上）》，北京：人民教育出版社，2020年，第183页。

释，贯彻了唯物史观的编写原则。在"历史纵横"栏目，介绍了英国资本原始积累的重要手段之一"圈地运动"，这是对工业革命爆发在英国的原因所做的知识补充。第二个子目"工业革命的进程"描述了两次工业革命的成果和进程，一些传统的观点仍然被采用，如"工业革命始于棉纺织业""工厂制度诞生于纺织业""由瓦特改良的蒸汽机是第一次工业革命的主要标志""人类进入'蒸汽时代'"等。教材用一段文字描述工业革命的传播，强调这不是一个单一的历史事件，而是"持续不断的辐射效应"，并且强调了各国的产业政策对工业的推动作用："各国政府通过税收、立法、直接投资等方式推动工业发展。"与旧版教材不同的是，部编版新教材明确将两次工业革命看作一个整体，"18 世纪 60 年代至 20 世纪初，先后发生了第一次工业革命和第二次工业革命，后者可视为前者的深入发展"，但"第二次工业革命并不是第一次工业革命的简单延续"，由此引出第二次工业革命的特点和两次工业革命的区别。创新是工业文化的重要内容，创新意识也是在教学中必须向学生传递的工业精神。在"思考点"和"学思之窗"栏目，教材都试图引导学生理解第二次工业革命中"科技创新对生产力的推动作用"，借此培养学生重视创新的科学素养。第三个子目"工业革命的影响"是本课的重点，教材对工业革命的评价较为全面，尤其突出了工业化给社会生产和人们的生活所带来的积极影响，但也同样遵循历史事实，对工业革命为社会带来的新问题给予了一定的批判。[①]

在高中历史课堂教学中融入工业文化，需充分发挥教师教的能动性，根据课标的要求，合理地进行教学设计，在讲解工业史相关的内容时，多加采用工业文化的案例和材料，从知识层面上引领学生接触工业文化知识；在精神层面上，传递热爱劳动、尊重劳动的价值观。

---

① 教育部组织编写：《普通高中历史教科书中外历史纲要（下）》，北京：人民教育出版社，2020 年，第 57—61 页。

二、工业文化教育和高中历史教学
结合的若干实践案例

（一）历史课堂案例：《自强与求富：中国工业化的开端》

对应教材：普通高中历史教科书《中外历史纲要（上）》第五单元"晚清时期的内忧外患与救亡图存"的第 17 课《国家出路的探索与列强侵略的加剧》的第二子目"洋务运动"。

教学过程：

师：鸦片战争后，清政府面临着内忧外患的局面。一方面，太平天国农民起义沉重地打击了清朝的统治，另一方面，英国与法国发动第二次鸦片战争，不仅一度侵占了北京，劫掠了圆明园，而且逼迫清政府签订了新的不平等条约。在镇压太平天国和对抗英法侵略的过程中，一批清朝官员认识到了洋枪洋炮的威力，希望能够通过仿造洋枪洋炮来维护清朝的统治。这批官员被称为洋务派，他们中的代表性人物有曾国藩、李鸿章、左宗棠等，他们所从事的事业被称为洋务运动，这是中国工业化的开端。请同学们阅读教材第 113 页，回答以下问题：为了能够达到"自强"和"求富"的目的，洋务派做了哪些努力呢？

生：洋务派创办了一批军事工业，如江南机器制造总局、福州船政局、天津机器局等。这些都是官办企业。为了求富，洋务派又开办了一批官督商办的民用企业，如上海轮船招商局、上海机器织布局、开平煤矿等。洋务派还办了培养翻译和军事人才的学校，建成了以北洋舰队为代表的新式海军。

师：不错。本单元的学习中，我们已经探究过中国对抗西方列强入侵屡遭失败的原因之一，在于中国未能跟上工业化的世界潮流，仍然处在封建社会。林则徐、魏源等人，看到了中英两国在军事技术方面的差异，提倡"师夷长技以制夷"，但没有付诸实践。而到了曾国藩、李鸿章、左宗棠等人的时代，民族危机日益加深，这些位高权重的清朝官员，认识到了想要挽救清政府的统治、对抗外侮，必须学习西方的先进技术，也就是推动中国的工业化，采用机器生产，可以说，这是中国工业化的开端。以福州船政局为例，我们一起来了解一下官办企业的具体情况。请看下面的材料。

船 政 小 史

　　福州船政局的创始人为清朝大臣左宗棠。他主张海防，强调轮船的重要性，其造船奏议得到了清政府批准。在筹备期间，他调任陕甘总督，将福州船政局交给了沈葆桢。沈葆桢为福州人，1867年初，他得到清政府的命令，接办船政。同年，船政局的厂区、住宅区和学校相继完工，机器也大体安装完毕。造船厂设备齐全，规模宏大，堪称远东第一大船厂。

　　船政局第一艘自造的近代蒸汽运输船名为"万年清"，于1869年下水。自那时起至1875年，福州船政局生产了16艘轮船，包括10艘运输舰、3艘通讯炮舰、2艘炮舰和1艘巡洋舰。除此之外，随着近代造船工业的诞生，如何培养与之相适应的造船技术人员和海军人才，已成为十分迫切的任务。船政大臣沈葆桢指出"船政根本在于学堂"。船政局设有求是堂艺局，分前后学堂，前学堂主要包括造船专业、设计专业和学徒班（艺圃），后学堂旨在培养能够进行近海航行的驾驶人员，设有驾驶专业和轮机专业，两者皆采用原版教材，故而学生都要学习法语，因此，培养了一批翻译人才。如著名的翻译家严复，就曾是船政学堂的学生。

　　1884年中法马江海战爆发，在这次反侵略战争中，船政学堂的毕业生成为海军将领，面对强敌，无畏牺牲，谱写了众多可歌可泣的爱国事迹；船政局的工人面对法国的炮击，在战火中坚守岗位，保护船厂，也有不少伤亡。尽管因为清政府未做好应敌的准备和敌我力量对比的悬殊，马江战役最终以失败告终，但船政局仍旧继续发展。然而，清廷官办企业的弊端也逐渐显露出来，固定的财政拨款不能满足近代工厂扩大生产的需求，制造数量日益减少，形成了"人浮于事、开工不足"的局面。甲午战争后，洋务企业经营管理的弊病越来越多地暴露出来。1890年后，船政大臣又多是老朽官僚或者守旧大臣，对外国事务一无所知，甚至极力奏请清政府"停办"船政。旧有体制对近代工业的不利已成为船政发展的最大束缚。最终在1907年，福州船政局停造轮船，影响力式微。

教师根据林庆元《福建船政局史稿》（福建人民出版社，1999年）一书整编。

师：根据材料指出福州船政局对中国工业发展所做出的贡献。

生：标志着近代造船工业的诞生，自行制造了大量的轮船和战舰，提升了中国的工业和军事实力；船政学堂培养了大批人才，包括船舶制造和航海人员、新式海军、翻译人才等，对中国近代化的推进有深远的意义；为中国工业企业的创办提供了官方的示范。

师：由此可见，洋务运动作为中国近代化的开端，不仅在于引进了资本主义国家的机器生产技术，而且还在推广西式教育、创办西式企业等方面，做出了一定的尝试。但是洋务运动的失败暴露了其历史局限性。请结合福州船政局的衰落，试分析：为何洋务运动没能成功，官办企业的发展又存在哪些阻碍？

生：从中法马江海战和船政局后期的情况来看，是旧有体制阻碍了近代工业的发展。清政府是腐朽无能的封建朝廷，固定的财政拨款和落后的管理模式，不能满足近代工业扩大生产的需要，导致在生产过程中，企业不但没有得到政策的支持，而且遇到的阻力极大。

师：经费的不足普遍困扰着洋务企业，洋务派官员意识到了"自强"必须"求富"，发展民用企业来为军事企业开源。实际上，福州船政局也曾经尝试过生产商用船来自救，然而，在旧有体制下，缺乏一个成熟且规范的市场机制，生产与销售都举步维艰。尽管洋务运动在甲午战败后宣告失败，但它毕竟开启了中国工业化的道路。《马关条约》签订后，清政府开始鼓励民间投资工业，开办工厂的状元张謇成为社会的模范和榜样，荣宗敬、荣德生兄弟等一批企业家在市场上涌现出来。工业所创造的物质基础，是中国民族民主革命所追求的"富强中国"的前提，因此工业化也逐渐成为立志报国的有识之士们的共识。从船政的历史中，你感悟到哪些值得传承的工业精神呢？

生1：我感受到海军将士和工人们的爱国精神，他们誓死捍卫领土的决心，中国人自己创办的船厂就和生命一样宝贵，祖国的每一寸土地都不容侵犯！

生2：我佩服他们在那么艰难的外部条件下，还能坚持造船事业，想方设法将船厂经营下去，很敬业、很执着。

生3：迈出第一步很不容易，尤其还有那么多反对的声音，我觉得这是一种创新精神，敢于打破现状！这是我们要学习的。

……

师：当我们提起我们的历史，每个人的脸上都应挂着骄傲，我们有信心、有勇气，带着前人所奠定的民族文化，在未来争有一席之地。中国近代史绝不仅仅是一部所谓屈辱史，更是近代以来无数能人志士饱含爱国主义的奋斗史。在接下来的学习中，也请同学们见证中国人"自强"与"求富"的决心，并且继承和发扬这些工业精神。

教学分析和评价：

本课主要运用了提问法和史料教学法，在教学过程中利用了本地的历史资源，从福州当地学生耳熟能详的福州船政局切入，以小见大，使学生能够从福州船政局的兴衰中了解洋务企业以及洋务运动开展的实际情况，不但加强了对乡土历史的认知，而且训练了学生阅读史料、分析史料的能力。本课抓住"洋务运动是中国近代化的开端"这一历史结论，强调工业化是富强中国的出路，宣传了工业文化，引导学生感受爱国、敬业、创新的工业精神，有助于激发学生对本民族历史的自豪感和荣誉感。

（二）校本课程案例：《影视剧中的工业文化》

自 2017 年起，笔者连续几年在任教的福州二中开设工业文化系列选修课，其课程包括：《影视剧里的工业文化》和《工业时代的文艺史》。笔者设计的这两门课程的特点是：（1）通过放映相关题材的影视剧再配合理论讲解，以生动活泼的形式来激发学生的兴趣；（2）尽可能降低专业知识的难度，选择适合中学生认知水平的知识点和内容进行讲授。接下来就以笔者多次开设的《影视剧中的工业文化》举例分析。

《影视剧中的工业文化》旨在通过影视剧来展现工业文明的变迁，体会工业文化的底蕴。这门课程通过影视剧，从"从田园牧歌到机器轰鸣""工匠精神与国家导向工业化""工业创意与创新""工业衰落与去工业化"四个主题展开，让学生初步了解工业史的发展脉络，体会在工业文明下社会的变迁，感受工业文化的底蕴，培养学生的人文情怀和现实目光。本课程主要面向高一、高二的学生，开设了多个学期，每一次课程结束，笔者都会根据课程的经验和教训在下一次课程中作出相应的调整。本课程遵循先理论后赏析的教学思路，在讲授工业文化知识的基础上，放映契合主题的影视作品，再组织学生讨论。鉴于工业文化是一个抽象而复杂的新兴概念，不易被学生掌握又缺乏教材，笔者总结授课经验，为工业文化校本课程撰写了简易的读本，后经导师严鹏的修改，共同出版了《工业文化基础》一书，使之成为适合更广泛读者群体阅读的工业文化入门读物。尽管如此，工业文化的理论知识仍旧是本课程的一个难点，尤其对于尚未在高中历史课堂中学习过工业史的高一学生来说，若在课堂中大量引入与历史必修课程内容重复的知识，会削弱选修课作为兼具科普性和趣味性课程的独特性。历史学习中的认知过程一般是由具体事实的感知，形成历史表象，通过对丰富的历史表象进行思维加工，再形成历史概念等理性认识。① 历史影视资源是一种非常容易

---

① 杜芳：《新概念历史教学论》，北京：北京大学出版社，2013 年，第 129—130 页。

获取的重要历史课程资源，有助于学生从不同角度观察和感受历史，培养学生学习历史的兴趣和历史理解能力。于是在第二次开设本课程时，笔者选择在讲解工业文化的基本概念后，播放历史纪录片《大国崛起》中关于英国工业革命的部分，以声画并茂、视听结合的纪录片代替教师口述授课，充分调动学生学习的积极性，并使他们对"工业革命推动了社会变化"和"工业社会的基本特征"形成智识上和情感上的初步认识，取得了预期的教学效果。

在导言课结束之后，本课程以"基本背景讲解—播放影片—组织讨论"为教学模式，围绕四个主题进行主题式活动课程。随着时代的变化，课程设计之初的四个主题也发生过变化，如笔者在 2021 年开设该课程时，就结合当下热点，将"工业衰落与去工业化"更改为"机器与人：人工智能"，以期引导学生对更具未来感的话题，如"科技与人文如何更好地结合""人工智能技术将会如何改变世界""人类与人工智能的关系"等进行更深入的思考。

授课过程中，笔者精心挑选切合主题的优秀影视作品，包括工业纪录片和以工业为题材的影视剧。工业纪录片如《大国重器》《工业传奇》《超级装备》等侧重于科普工业技术知识，注重工业精神的传承，有利于增强学生对我国工业发展的自豪感与自信心，可谓与本课程的中心主旨"传播工业文化"最为贴切。以工业为题材的影视剧如反映英国工业革命的影视剧《南方与北方》、反映新中国工业建设的电影《护士日记》、反映工匠精神的影视剧《先驱者》、反映企业家精神的影视剧《史蒂夫·乔布斯》、反映东北老工业区衰落的电影《钢的琴》、反映工业社会劳资矛盾的电影《摩登时代》等。这些影视剧或多或少能够提供某一特定历史时期的社会生活面貌，在那些或真实或虚构的典型形象身上，学生能够直观地感受到创新精神与工匠精神，对工业文化这个概念产生初步的感性认知。一些历史知识储备更多、对社会现象感知能力更强的学生，甚至能够运用批判性思维，对影视剧中所反映的某些亟待改善的社会状况表达自己的观点。影视剧课程资源固然有直观、有趣、生动等许多优点，但影视剧毕竟是虚构的艺术作品，出于艺术创作的需要不可能做到完全还原历史，并且夹杂着创作者的主观性表达，教师在活用影视剧资源的同时，必须结合课程的育人目标对其中一些不符合史实或可能会产生歧义的情节加以批判说明。再者，由于学生的历史知识储备比较有限，在观影时，若没有教师的引导，可能会因缺乏相关的历史背景知识而无法理解创作者的用意，导致教学效果大打折扣。因此，在播放影片前，教师有必要对相关的历史背景做简要的介绍；在组织讨论时，教师也应起到引导者的作用，把握讨论的方向和内容的相关性。

课程的最后，会安排学生围绕"工业"主题撰写观影感想作为期末考察作业，目的是使学生将学习过程中零碎的所感所悟整合为更为系统的语言表达。从以往的作业情况来看，学生的感想大多集中于影视剧的情节上，偏向主观感受的抒发，这符合高中生的认知特点。也有一小部分学生对工业纪录片有比较大的兴趣，如一名学生在观看了纪录片《工业传奇第一季：与德国智造同行》后，撰写了一篇题为《德国工业与中国工业的对比》的文章。在文章的开头，这名学生写道："德国从低端仿制到高质量自造的工业化道路值得中国学习和借鉴。中国正处于高速发展向高质量发展的转型期，总结他人的经验可更好地发展。"另一名学生也同样为这部纪录片撰写了读后感，该学生写道："当代人不缺乏对工业的感触和认知，真正缺乏的是对工业的理解和尊重……工业的重要性不言而喻。"该生表达了观影后对德国制造业发展的钦佩，并认为"勤奋努力和实践精神"的工业精神值得学习。在文章的最后，该生热忱地表达了对中国工业发展的期待："世界制造业格局会因基于互联网技术的新一轮的科技和产业变革发生变化，中国制造急需转型升级，提高自主创新能力，推动中国工业高质量发展。"值得一提的是，这两名学生的共同点在于他们都选科历史，因此较其他非历史的学生，有更丰富的历史知识储备，对现实世界的感知也更加敏锐，更容易用"以古鉴今"的历史学科思维来准确捕捉纪录片的用意，从对德国工业的认识中找到对中国工业发展的启示，从而自觉生成了一种关注中国工业、认同工业文化的意识，使工业文化教育的教学目的得以实现。

谈及对"工业"的理解和认识，大多数学生都表示通过该课程认识到了发展工业的重要性，改变了以往对工业的印象。一名同学写道："在人们的刻板印象中，'工业'更多与大型机器、钢铁或环境污染联系在一起，是枯燥与乏味的，但经过这几个月的学习和对电影的欣赏，'工业'以一种更有趣的方式存在于我的脑海。先有专业的纪录片为我们精确介绍了现代化工业，后有《摩登时代》用搞笑诙谐的方式体现了 20 世纪美国工业发展状况，卓别林饰演的工人是无数为了推动'工业'高速发展做出贡献的工人的缩影，引人深思。"另一名同学同样也表达了对《摩登时代》的深刻印象，写道："《摩登时代》里的主人公在机械工厂上班，长时间重复性的工作会使人麻木，由此可见，早期工业生产会使人失去一些活力，但也不得不承认工厂规模化的生产为人们带来了许多资源。"可见，通过影视作品来传播工业文化，形象直观，虽有浅显而零碎的缺点，但难以掩盖其优点。除了这两名同学，还有不少其他同学在行文中表达了应辩证看待工业的观点，能提出一些超出感性认识的理性看法——在坚持工业发展的同时，也要重视发展过程中可能出现的诸如工人待遇不高、环境污染、产业落后等种种问题，并提炼出"勤奋""创新""专注""敬业"等值得学习的工业精神。笔者推测，这与笔者先播放了正面宣传工业的纪录片，后播放带有批判性的影视作品的教学思路有关，符合笔者的教学效果预期。

然而，在当前教育体制下，缺乏课程保障的工业文化教育很难在校园环境中得到政策所预期的实质性推广。笔者只是因为任教的高中具有选修课这一校本课程平台，才能够自主开设工业文化课程，这是大量其他高中所难以具备的条件。而即使在笔者的试验性实践中，也由于选修课本身的地位等因素，经常遇到课程中断或教学内容被迫压缩等问题，无法真正落实原定计划。

（三）工业文化研学实践案例：福州船政和春伦茉莉花文创园

工业文化与产业高度结合的特性，也意味着在研学实践中，通过工业文化来落实劳动教育、提升历史教学的质量，是有可能实现的，这就要求更多非课堂、非教材的历史课程资源的开发和利用，以达到课内外不同教学手段的有机结合。目前，笔者基于综合实践活动课程，开展过两次工业文化研学，研学目的地分别为福州船政文化景区和春伦茉莉花文创园。

第一个案例是福州船政工业文化研学。选择福州船政文化景区作为研学地点，首要的理由是其在中国近代史上的重要地位，其次在于它开发较成熟，具备接待学生研学旅行的条件。从研学条件来看，福州船政文化景区设有中国船政文化博物馆，能够使学生先了解船政文化，形成对船政历史的初步认知。在博物馆游览过程中，辅以专业讲解员或者历史教师的介绍，使学生更容易接受馆内传递的历史信息。从实践的效果看，前后学堂的历史对学生最具吸引力。学生热衷于探索学堂的模拟场景，了解学堂的课程安排，对留学生的经历很感兴趣，这是由学生的年龄特征和心理特点所决定的。对于与他们年龄相仿的海军学子，学生更容易产生共情，在这样的情况下，向学生介绍这些海军学子在后来报效祖国的事迹，具有极佳的教学效果。也有一部分学生很着迷于船舶模型，愿意深入了解造船和驾驶的基本知识，这有助于培养学生对相关专业的兴趣，从这个意义上讲，这也是一堂职业生涯规划课程。中法马江海战纪念馆（昭忠祠）及马江海战烈士墓气氛肃穆、悲壮，学生在参观过程中，一改往日的喧闹，以沉默而认真地学习历史的姿态向海军烈士致敬。中法马江海战在历史教科书中着墨不多，因此，学生对这个一笔带过却发生在身边的重要历史事件，兴致较浓，参观学习也是对课堂内容的补充。格致园为福州船政工业遗产的核心部分。通过参观博物馆，学生已经对前后学堂、船政衙门、切割车间等概念有了一定的认识，实地考察则更添一分直观的印象。回归历史现场，感受历史与当下的联系，也是工业遗产最显著且无法替代的功效。马尾造船厂则是历史联系古今最直接的体现，造船业的兴替隐含着本地工业的发展史，前往工厂或工厂遗址参观，有助于学生直接感受工业及工业文化的意义。最后在漫步船政文化主题公园罗星塔园中，增加对本地历史的了解。船政工业文化研学既能提供给学生丰富的显性知识，还提供了足够的情感价值，包括工业精神和家国情怀，同时有利于挖掘个人的爱好，为他们了解更多行业和职业提供了窗口。劳动教育或工业文化教育的本质在于培育合格的劳动者，因此，凡是能够帮助学生树立正确的择业观、就业观的教育，都契合劳动教育或工业文化教育的要旨。通过研学活动，学生收获了与课堂教学不一样的学习体验，增长了见识，培育了品格，正印证了展开综合实践活动的教育目的。

另一个案例是春伦茉莉花文创园工业文化研学。茶业是中国历史悠久的传统产业，也是一个高度全球化的经济部门，在当代通过引入现代技术而焕发着新的生命力，是中国优秀工业文化的重要载体。参加春伦茉莉花文创园工业文化研学，学生能够体悟古往今来劳动人民的勤劳和智慧，传承中国传统劳动精神，并且了解创新研发对于一个企业、一个行业发展的重要性，触发对传统部门如何进行科技创新、如何与现代社会相兼容等问题的全新思考。本次研学旨在以茶为线索，加强学生对古代与现代、中国与世界、经济与文化等不同层次的关联认知，形成连贯的、综合的历史思维。参观游览的过程是循序渐进的。首先，游览茉莉花资源圃，了解茉莉花的品种和福州种植茉莉花的历史，以具体事例突出采摘之不易、茶农之艰辛，引导学生尊重劳动和劳动者。其次，介绍福州茉莉花茶的制造和行业发展历史，参观福州茉莉花茶传统工艺体验与展示区，了解茉莉花茶制作工艺。通过对制茶工具的认识和体验，感受古代劳动者的智慧，激发学生对工具创新和技术创新的想象力，丰富他们的阅历和见解。再次，参观茉莉花茶文化博物馆，品味茶香。通过讲解茉莉花茶复兴史、参观历代茶具展，帮助学生厘清茉莉花茶行业发展的历史脉络，并与所学的历史知识相结合，尝试知识的扩展迁移，利用已学的历史知识来加深对茶文化的认识并解决与茶业相关的历史问题，如茶文化的内涵与价值、茶叶加工与出口、中国茶业发展与全球化等。在亲身体验中，学生认识各种类的茶、学习如何辨别茶叶的滋味，提高了饮茶的品味与茶文化的修养，增添了对茶叶的热爱，还了解了茉莉花的综合创意利用和不同于传统形式的茶叶产品，参观了运用于茶园和茶厂管理的实时屏幕，拓展了对茶叶部门的一般认识。参观以教师的总结发言作为结束："从古老的传统制作工艺到现代化的管理手段和生产模式，茉莉花茶这一千年行业，正随着机械化和信息化技术的运用、随着现代企业管理手段的升级，焕发出崭新的光彩。实时更新的电子屏幕，展示着茶园、茶叶生产车间和实验室内的基本情况，能够帮助企业更好地协调和管理各个部门。根据市场需求创新的速泡产品，迎合了现代人的消费习惯，也是传统行业在社会主义市场经济的新环境下积极求变的体现。"结束后，学生进行了研学的评价与反思，通过小组讨论、填写评价表、提交报告等方式，总结评价这一次研学旅行的收获。在报告中，学生对研学旅行前提出的问题的解答得到体现，他们切实地以"研"与"学"结合的形式达成学习目标，将研学旅行中零碎的思考与感性的认识上升为理性的论述，内化为知识与修养。

这两个研学实践的共同点在于，都选择了福州本地的工业遗产资源，有效地与当地的人文历史传承结合起来以推进本地工业文化的传播。研学实践课程同样要明确师生双方各自的角色。学生是实践课程的参与者和开发者，而教师则是设计者和引导者。为避免活动流于形式，教师必须发挥其专业职能，在活动开始之前，进行有特定教育目的、有针对性的实践课程设计，这就要求教师必须主动关注和利用当地的工业文化资源，了解当地的工业发展水平，依托本地的工业遗产进行工业文化教育，制订合理的实践方案，全程参与到每一个环节中。工业遗产的地方性，还为工业文化教育与乡土教育的有机结合提供了可能性和必然性。教师作为引导者，应充分利用这一点，鼓励学生了解本地的工业发展历史，亲历工业遗产现场，将目光投向家乡建设，激发他们热爱家乡、立志成才的家国情怀。

三、工业文化融入高中历史教学的经验总结

(一)可待开发和利用的工业文化历史课程资源

历史课程资源指有利于历史课程目标实现的各种资源的总和,比如历史教材教参、历史读物、历史文物、历史遗迹、历史题材的影音资料、历史人文景观、历史网络资源、历史专家学者等,都属于中学历史课程资源,其良好的开发和利用将对历史教学大有裨益。① 可见,历史教学的情景并非局限于课堂和教科书,工业文化的内容能借由提供其他教学资源予以历史教学更多帮助。

高中历史的课程资源数量庞大,种类繁多,用不同的分类标准,可以分成不同的种类。《普通高中历史课程标准(2017 年版 2020 年修订)》的"加强课程资源的开发与利用"一目中,提出在具体的历史课程资源开发与利用方面,应重点加强的有:

(1)加强学校图书馆(室)的建设。

(2)网络课程资源的开发。

(3)校外课程资源的利用。

(4)教师资源的建设。

(5)在有条件的地方,学校可设计和利用历史课程专用教室进行教学。②

总之,历史课程资源主要分为以下几种类型:历史教材、历史课外读物、历史文物、历史遗迹和各类相关场所、历史影音资料、网络资源、教师。表 1 为可待开发和利用的工业文化历史课程资源(课外)。

---

① 杜芳:《新概念历史教学论》,第 125—126 页。
② 中华人民共和国教育部制订:《普通高中历史课程标准(2017 年版 2020 年修订)》,第 68—69 页。

表 1 　可待开发和利用的工业文化历史课程资源（课外）

课程资源类型	工 业 文 化 内 容
历史课外读物	工业文化著作、工业文化期刊、工业文学、工业文化读本等
历史文物	反映工业的文物等
历史遗迹和各类场所	工业遗产、工业博物馆、工业纪念馆、工矿企业、工业园区等
历史影音资料	工业题材纪录片、影视剧、录音等
网络资源	各类包括工业文化信息的网站平台、数字化资源、游戏等
教师	工业从业者、技能人才、劳动模范，工业文化方面的专家、学者、教师等

历史课外读物包括工业文化著作、工业文化期刊、工业文学、工业文化读本等，是学生增长工业技术知识、感受工业文化、加深对工业社会理解的一般途径。尽管工业文化是一个新兴领域，但与工业相关的文字作品可谓汗牛充栋，在利用这些历史课外读物作为历史课程资源的过程中，要选择优质、真实、符合育人导向的作品，也要注意适合学生的认知水平，内容不宜过于晦涩或冷僻。一般而言，理论型、知识型的文字资料有利于提高学生对工业的理性认识，而文学作品、文化读本等则侧重于激发学生对工业的感性认识和培育工业社会独特的艺术审美，两者共同指向对工业价值观的认可。

历史文物、历史遗迹和各类场所，作为工业文化和工业精神的物质载体，能够使学生直接接触工业的产物，增强他们的历史体验感，给予学生对工业的直观历史感受，有利于扩大课堂教学的范围，将历史课拓展到课堂之外，成为连接历史与现实的桥梁。在接触这些物质载体时，学生不仅可以学习到某一产业的技术知识、体会文物或遗产所反映的某一历史时期的工业精神，而且还能够通过亲自动手，参与到简单的工业活动中，感受到劳动的快乐。

历史影音资料是一种现代化的课程资源，既包括工业题材的历史纪录片、录音，也包括工业题材的影视作品。在实际使用过程中，教师要引导学生区别其内容是真实可信的，还是经过了艺术加工，尤其是具有娱乐性质的作品要谨慎使用。历史影音资料作为常见的课程资源，深受学生的喜爱，有助于调动学生学习的积极性和学习兴趣，对直观展现工业社会的社会生活风貌，有其他资料所不能比拟的优点。

网络资源能为历史学习提供更方便、快捷、丰富的信息来源，也是在当下宣扬工业文化必不可少的途径。21 世纪的学生，被称作"信息时代的原住民"，而信息化和网络技术本身，就是工业的产物，网络资源的利用贴近学生的生活，也契合学生的兴趣爱好，因此，在未来的历史教学中，网络资源对历史课程所起的重要补充作用将会越来越突出。

教师指的是广泛意义上能够向学生传授工业文化知识的智力课程资源，包括工业的从业者、技能人才、劳动模范，工业文化方面的专家、学者、教师等，甚至学生也是工业文化历史课程资源的一部分。教师不仅是课程资源的利用者，也是课程资源的开发者；教师的素质决定了教学的效果，言传身教是最普遍的文化传播方式之一；人是精神的载体，劳动者是劳动精神的载体，因此，劳动者的言传身教对学生而言，可以说是接受劳动教育、继承劳动精神最直接的方式。而学生在接受劳动教育的过程中，也创造出了属于自己的劳动经验，这就使资源利用转化为自主学习、探究学习的过程，在教师与学生互相沟通和交流中，既发挥了课程资源的作用，亦成为一种工业文化历史课程资源。

值得注意的是，对以上多种类型的工业文化历史课程资源，往往不是孤立地使用，而是协调配合使用。教师在选取时，要契合学生已有的知识水平、选择他们可理解的内容，还可以结合当地的实际情况，充分利用身边的资源，发挥地域优势，强化校际特点，形成独特的教学风格。

（二）工业文化融入高中历史教学的路径

工业文化融入高中历史教学的路径包括在历史课堂教学中讲解工业

文化内容，依托校本课程开设工业文化选修课和研究性学习，以及利用工业文化遗产开展工业文化研学活动等。

在历史课堂教学中讲解工业文化的内容，是历史学科教育与劳动教育结合的必然要求。在普通高中历史课程标准和依照课标编写的普通高中历史教科书中，工业文化的内容都占据了一定的比例，体现了工业社会是人类历史进程中的重要阶段，工业文化是工业文明的精神内核，也是古往今来劳动精神的一部分。因此，在涉及工业时代的所有课程中，工业文化无处不在，既是教学内容本身，也能够作为一种辅助的教学资源来使用。对于重大历史事件，学生能从工业文化视角进行剖析，以认同工业化、尊重劳动的价值观来理解；借助具体的工业案例，学生能够更直接地体悟到历史上工业劳动者卓越的劳动风貌，进而传承其劳动精神。劳动教育在历史课堂中的实现有赖于教师突出劳动的作用、塑造劳动者的正面形象和阐明劳动的意义，尤其是要说明劳动与工业社会发展之间的客观联系。

历史教学的情景并非局限于课堂和教科书，工业文化的内容能借由提供其他教学资源予以历史教学更多帮助。通过与学科课程并列为必修课程的综合实践活动课程，工业文化更全面地融入高中历史教学中。工业文化选修课，形式生动活泼、内容浅显易懂，符合高中生认知水平和趋向他们的情感体验，选择恰当的教学方式，如影视作品欣赏，将使学生对工业文化形成基本的感性认知，并在这一过程中受到创新精神、工匠精神等价值观的熏陶。研究性学习，以小组合作的形式展开，让学生围绕工业文化的课题进行自主探究，以培养学生的问题解决意识、研究能力和实践能力，在规定的教学内容之外，让学生选择自己感兴趣的工业文化内容，以激发他们的学习热情。工业遗产是历史课堂的校外资源和工业文化研学的场所，具有直观、生动、丰富、真实等特点，利用工业遗产展开工业研学活动，能够为学生提供实地考察、参观游览、动手实践等沉浸式的劳动体验，使他们更好地将知识转变为实践或深化对已学知识的理解，化抽象为具体，化生涩为简洁，并拉近学生与工业场所和劳动者的距离，以劳动精神浸润学生的心灵，从而使他们形成作为历史主体的一部分和未来的劳动者所应具备的良好素养。

（三）工业文化融入高中历史教学的条件

由于缺乏相应的资源与条件，在高中历史教学中落实工业文化教育的目标实际上还非常困难，其中包括组织研学的条件欠缺、工业文化研学场所匮乏、选修课和研究性学习开设较为不确定等。研学旅行的概念一经提出，便得到了教育工作者和中学的广泛关注，推动了相关实践和探索。从目前的情况来看，存在的问题主要是研学旅行场所建设和课程开发的相对滞后。工业文化研学场所的匮乏，与国家工业遗产的保护与开发起步较晚有很大的关系。再者，工业文化研学具有很强的地方性，出于现实考虑，不宜离学校太远，又必须适合中学生的认知水平和教学常态，可选择的目的地数量不多。从学校的层面来说，研学课程的开发需要教师的长期研究投入、相关的教育实践经验和丰富的专业知识储备，要设计一门真正适合学生的研学课程并非易事。况且，经费开支、安全问题等现实因素也使得研学旅行的实施困难重重。选修课和研究性学习开设同样存在一些客观的困难。选修课作为校本课程平台，并非每一个学校都有条件开设，研究性学习虽是必修课程，但在中学的落实一样存在着地域和校际的差异性。实际教学中，由于两者不属于高考课程，经常遇到课程中断或教学内容被迫压缩等问题，往往无法真正落实原定计划。

笔者认为，必须创造工业文化教育的条件才能真正落实"工业文化进校园"的政策。首先，教师作为课程的设计者和实施者，必须从思想和理论的层面上了解工业文化，将工业文化作为历史课堂教学的一部分，积极倡导工业精神，在历史课堂内，利用工业文化，实现劳动教育。其次，当地政府、学校和企业等，要积极回应工业文化的相关政策，开发适合中学生的工业文化研学课程，并推出相应的措施来保障研学的实施。最后，工业文化教育能否真正落实，还要看教师和学生的自主性和对工业文化的接受程度，应通过各方的努力，使全社会形成一种拥抱工业、崇尚劳动的氛围。由于工业文化教育与劳动教育是高度重合的，笔者认为，这一结论对高中学科教学同工业文化教育或劳动教育相结合的探索，具有较为普遍的参考性。

工业报国：论马雄冠与中国
企业家精神

鲁风萍[*]

工业是强国之本，文化是民族之魂。工业文化是伴随着工业化进程而形成的、渗透到工业发展中的物质文化、制度文化和精神文化的总和，而企业家精神既是精神文化的重要组成部分，也是工业文化形成和发展的重要动力。不同时代孕育着不同的企业家精神，近代中国积贫积弱，实业救国成为民族企业发展的强大精神动力和民族企业家的共同追求。马雄冠就是践行实业救国理想的企业家的典型，他为中国机械事业奋斗终身，用实际行动诠释了"爱国、创新、责任、奉献"的中国企业家精神内涵。20 世纪 20 年代，他创办的顺昌铁工厂是近代上海民营机械制造业企业中的佼佼者；在抗战时期，他改组成立的顺昌机器厂成了大后方机械制造业中的"六大金刚"之一，为战时支援抗战和建设大后方做出了巨大贡献。抗日战争胜利后，他回到上海创办了上海通用机器公司（现上海汽轮机厂），继续发展中国的机械制造业。新中国成立后，他担任了新中国华东工业部上海通用机器第一厂长，随后又调职到中国第一机械工业部任教育处处长，从事机械技工培训事业。纵观马雄冠的一生，他一直走在发展中国机械工业的道路上，对国家、对民族

＊　鲁风萍，深圳市南山外国语学校（集团）滨海学校教师，硕士毕业于华中师范大学中国近代史研究所。

怀有崇高使命感和强烈责任感，把个人命运和企业发展同民族独立、国家富强紧密结合在一起，主动为国担当、为国分忧，以制造机器为己任，努力实现"工业报国"，扛起了民族复兴的重任。

一、创业创新，矢志报国之心

抓住机遇，敢于创业、勇于创新是企业家精神的重要内涵。马雄冠出生于 1905 年，江苏常州人，毕业于上海同济大学机械系，因深受其父马润生爱国思想的影响，选择了工业报国之路。他的父亲马润生是近代中国卓有贡献的爱国实业家，曾在银钱业、纺织界工作，历任宝成、申新等纱厂经理。马润生做事果断，雷厉风行，仅仅 100 天的时间，在上海创办了宝成纱厂，"此举轰动工商业界，后被公认为江南地区最能干的两位办纱厂职业经理人之一"。① 马润生也善于洞察市场，抓住商机。在 20 世纪 20 年代，他敏锐地发现国内制造工业所用的粉状原料绝大部分由国外进口，磨粉工业还是以人工动力居多，只有一两家采用所谓新法，也只是一种不健全的尝试，磨出来的粉末，品质既不纯净，细度又难划一，不能适应各种新兴工业的需要。基于此发现，他于 1925 年购置了当时国内最完善、最齐全、最先进的德国磨粉机器设备，在上海创办了顺昌石粉厂，磨制各种工业用矿粉，这不仅减少了国内工业原料对国外进口的依赖，还为石粉厂的拓展发展奠定了基础。马润生善于抓住商机、敢于创业，其实业救国的爱国精神影响了马雄冠的人生选择。马雄冠认为国家应该有自己的机械制造业，希望通过发展中国机械工业，实现国家富强，民族独立。1929 年，他以全班第一名的成绩从同济大学机械专业毕业，毕业后他进入父亲创办的顺昌石粉厂工作，担任工程师，创立机修厂，负责管理石粉厂的机器设备。踏着父亲的步伐，他走上了实业救国的道路。

---

① 李毅民：《集邮家的情怀》，西安：陕西人民出版社，2007 年，第 3 页。

在近代以来的世界里，除了国家间存在竞争，工业从业者即企业间也存在竞争。为赢得竞争，工业企业必须创新，创新遂成为一种典型的工业文化。① 毕业后的马雄冠进入顺昌石粉厂后，发现德国进口磨粉机是对硬质矿石强力冲击的粉碎机械，所有工业需用的原料通过直接磨制硬质矿石生产，造成机内粉尘多，润滑件易受损伤，机器磨损极大，再加上市场对工业石粉需求极大，磨粉机需日夜运转。于是，他在石粉厂内创办顺昌机修厂，聘请了自己的同班同学张德成、梁有耀和朝鲜爱国人士徐载贤等人到顺昌石粉厂做技术研发工作，自行建立机器设计室，改进磨粉机部件，独立研发新的磨粉机。顺昌石粉厂开办时，全厂只有一台外国进口的五辊雷蒙摆式磨粉机，后来他们自己进行技术创新，设计了三辊式磨粉机，以适应小批量、多品种粉类的磨制。顺昌机修厂起初仅为石粉厂修理机器及仿制简单石粉机，但马雄冠通过组建技术队伍、建立机器设计室和培养技术人才等措施，实现了从机修到制机的转变，使机修厂逐渐成为一家具备技术实力的机械制造企业。在 1930 年，他以石粉厂为基础，将机修厂扩建成机器厂，创立了机械制造企业，定名为顺昌铁工厂。该机械厂不仅负责为石粉厂修理或制造石粉机，而且承接附件工厂的机器生意，如当时著名的天原化工厂、天利氮气厂、大华利酵母厂等企业；因机器质量好，顺昌铁工厂受到外国企业青睐，承接了礼和洋行、汉文洋行、孔士洋行等德国洋行的机制任务，尤其得到德国洋行的信任，生产的产品挂上了洋行的名字，代替进口机器，甚至出售到海外。技术创新和制度变革提升了企业自身的竞争能力，顺昌工厂也因此获得了飞速的发展。顺昌石粉厂成为当时唯一将产品出口海外的机器磨粉厂，也成了远东最大的石粉厂。在 1936 年，顺昌厂呈请国民政府实业部，将石粉厂与机器厂合并改组为顺昌股份有限公司，马雄冠担任顺昌铁工厂经理。同年 3 月 6 日，顺昌公司在《申报》上发布《上海顺昌机制石粉厂顺昌铁工厂启事》，正式宣告承制机器业务，这

---

① 严鹏：《富强与文明：工业文化与国家形象的塑造》，《中央社会主义学院学报》2022年第 2 期。

标志着顺昌铁工厂实现了从配修到制机的跨越，正式成为一家专门从事机械制造的企业。在近代中国，企业生存和发展必不可少的市场环境、社会环境已经基本具备，然而在相同的环境中，企业却有成败优劣之分，这就要归因于不同的企业素质和创新精神。20 世纪 30 年代是中国近代民族工业发展的黄金时期，马雄冠以"工业报国"之姿勇立时代潮头，向机械工业奋勇前进，重用技术人才，重视技术创新，他通过引进先进设备、研发新技术，不断提高产品质量，达到了与国内外同业一争高下的目的。他用实际行动推动了民营机械企业制造业发展，诠释了抓住机遇，敢于创业、勇于创新的中国企业家精神内涵。创新是工业文化发展生生不息的动力。

二、内迁先锋，赓续爱国情怀

天下兴亡匹夫有责的爱国情怀是中国企业家精神的灵魂。爱国主义是中华民族的优良传统，也是伟大民族精神的核心，是千百年流淌在中华民族儿女体内的精神血液。一个对国家、对民族怀有崇高使命感和强烈责任感的企业家，就能够为企业发展壮大注入强大的精神灵魂。20 世纪 30 年代日本侵华加剧，导致我国大片国土沦丧，中华民族到了生死存亡的紧要关头。为了保存国家建设力量，支援抗战的军需物资，补充后方的民用供给，1937 年国民政府决定大规模地将工厂内迁，并得到了民族企业家的支持和配合，马雄冠主动成为内迁先锋。日本全面侵华之前，具有强烈爱国情怀的马雄冠早已预感"我国抗击帝国主义侵华战争不可避免，为了保持我国沿海工业实力，即有迁建武汉的计划"①，而且顺昌铁工厂不在租界内，一旦上海沦陷，工厂只能停工；另外他认为当时内地工业落后，很少有制造机器的铁工厂。为了能支援抗战，为国家做贡献，国民政府内迁公告一下发，他马上决定把顺昌铁工厂迁往

---

① 佚名：《我的父亲马雄冠》，未刊，第 7 页。

内地。动员内迁前，马雄冠说："对于迁移途中将要遇到的困难，迁到后怎样复工，怎样营业，都没有详细考虑，更说不上什么把握，对于自己的利益早已置之度外。只认为既然拥护抗战，就必将可能陷入敌的工厂迁到后方。第一步目的在于避免养敌，第二步目的希望增加后方生产，加强抗战的力量。"[1] 在内迁工厂中，机器工业几乎占了一半以上，顺昌铁工厂是当时上海内迁机器工业中的第一家企业。

1937 年 8 月 22 日，马雄冠率领顺昌铁工厂迁移，首批机件在炮火硝烟中"冒险用民船划出，取道苏州、武进而至镇江转船拖至武汉"。[2] 经过近 3 个月的艰难跋涉，10 月中旬，顺昌铁工厂由上海迁出的机器设备陆续到达武汉，四批物资共 17 条木船，由高功懋、孙孝儒、瞿世范等人领队，随迁工人 45 人，内迁 343 吨物资均奇迹般地安全到达武汉。抵达武汉后，为国家承担军工生产的任务，马雄冠迅速组织复工生产，紧急生产各种车床，如南京兵工署车床百部。然而随着战场形势的恶化，日军经常轰炸汉口，汉口也成了抗日前沿阵地，而军用物资必须得到保障。在得到国民政府工矿调整委员会借款协助后，1937 年 12 月 7 日，马雄冠率领顺昌铁工厂再度内迁，首批机器零件运离汉口，一部分于 12 月 20 日抵达重庆。12 月，到达重庆的有工人 45 人，物资约 200 吨，其中有车床 11 部、搪床 11 部、铣床及磨床 4 部等设备，铁板 29 吨、生铁 60 吨等原料，以及炸弹壳等机器产品。大批物资、人员的远程搬迁，需要耗费大量的资金、精力和时间做系统规划，这番"折腾"给顺昌铁工厂带来了巨大创伤，极大削弱了其制造实力。不幸中的万幸，重要的机器设备完好地保存下来。但在第二次迁移中，顺昌铁工厂接受军事任务，为重庆炼钢厂从汉阳钢铁厂抢搬了约 500 吨的大型设备，为了抗战，马雄冠放弃运输顺昌铁工厂的部分物资。令人悲痛的

---

① 马雄冠：《胜利后后方机器工业之困难及其补救》，《西南实业通讯》第 12 卷第 1—2 期，1945 年，第 3 页。
② 黄立人：《抗战时期大后方经济史研究（1937—1945）》，北京：中国档案出版社，1998 年，第 150 页。

是，在迁移途中 5 名技术工人不幸牺牲于日军飞机的轰炸。截至 1938 年 9 月 15 日，顺昌铁工厂到运物资 262.1 吨，到达工人 47 人，这些都成为后来抗战的宝贵资源和重要力量。

民族工业的内迁，是我国民族工商界的一次爱国壮举，而马雄冠率领顺昌铁工厂内迁，正是他的爱国之举、工业报国之行。时人评说道："顺昌铁工厂是上海工厂内迁的第一个高潮中首先迁移出的工厂，由于上海是中国工业的中心，上海工厂内迁具有举足轻重的意义。上海工厂的内迁形成了抗战时期工厂内迁运动的第一个高潮，也记下了内迁史中最重要的篇章。"① 民族工业内迁开启了中国工业化的新征程，既生产了国家的军需物资，也补充了后方民用供给，有力地支援了抗战，建设了大后方。在这次波澜壮阔的内迁征程中，马雄冠怀着工业报国的理想、机器建国的追求，努力取得抗战胜利的目标，投身到大后方，去生产机器，凸显出一个真正的爱国实业家所具备英明、精干、勇敢的品质。他是成长于中华民族危机中的民族企业家，将国家利益与民族安危置于个人利益之上，用自身的行动践行了实业救国的志向。那个时代的中国企业家以赤子之心报祖国，满腔热血为民族，彰显出天下兴亡匹夫有责的责任意识，传承和弘扬了伟大的爱国主义精神，爱国情怀深深熔铸于企业家精神之中，成为企业家精神的灵魂所在。可见，中国的工业文化在其思想资源上，并非外来的产物，而是中华传统文化内生的力量。②

三、支援抗战，肩负时代责任

勇于承担社会责任，肩负起国家救亡和社会建设的使命是企业家精神的深层底色。知责任者，大丈夫之始也；行责任者，大丈夫之终也。马雄冠率领顺昌铁工厂内迁之举，体现了一位企业家对国家与社会的责

---

① 黄立人：《抗战时期大后方经济史研究（1937—1945）》，第 153 页。
② 严鹏：《富强与文明：工业文化与国家形象的塑造》，《中央社会主义学院学报》2022 年第 2 期。

任担当，更展示了企业家精神。1938 年 4 月，马雄冠到达重庆后，迅速组织顺昌铁工厂复工，复工后的顺昌铁工厂也被纳入国家的战略行动中，成为国民政府扶持和监控的重点对象，它以努力生产军需民用之物资，支援抗战到底为首任，以建设大后方为重任，以绵薄之力推动中国工业化进程，为改变全国工业布局发挥了重要作用。复工之初，顺昌铁工厂主要生产工具机、制造机、纺织机及纺纱机等急需的机器产品，也重视工厂建设，不断完善管理制度，加强人才培养，研发先进机器。但马雄冠认为该厂还不能满足抗战和大后方建设的需要，在强烈的民族责任意识和历史使命感驱使之下，他顺应战时需求的潮流，一改在上海时期的经营方针，重新制订发展计划，专制机械品，以"抗战建国"为宗旨，为赢得抗战胜利、民族独立之目标而努力生产。1939 年，他将顺昌铁工厂从上海顺昌股份有限公司中独立出来，成立了顺昌股份有限公司重庆铁工厂，简称顺昌机器厂，营业性质为机器制造，制造各种机械装备。独立后的顺昌机器厂，由马雄冠任经理，梁有耀任厂长，采取股份制合作模式，通过股份红利的方式留住熟练的工程师及技术人员，如陆绍云、高功懋、于心诚、孙孝儒、张德成、方浦生、徐载贤、梁有耀、徐兆民等人。这批技术人员基本上都是马雄冠的同学，也是顺昌铁工厂的核心骨干，他们熟悉各种进口机械设备，掌握着生产机器的核心技术，决定了顺昌铁工厂在大后方的命运和未来的走向。他们每个人和马雄冠一样都怀着发展中国民族机械制造的梦想，承担起发展中国机械工业的责任，在大后方大力建设发展顺昌机器厂，奋力挣扎、艰苦奋斗、劳心励志，倾全力生产军需民用之物资，尤其是生产国家需要的装备制造机器。随着战事不断扩大，机器装备日益增多，市场严重供不应求，在战时需求的推动下，马雄冠多次扩建顺昌机器厂，1941 年后该厂逐渐成为大后方中大型的民营机器企业。随着技术提升，机器产品增多，主要制造工具机、磨粉机、鼓风机、造纸机、锅炉、起重机、矿冶机械、化学工程机械等机器产品；此外该机器厂承接按设计图样承造机件等业务。

民族大义当先，企业利益在后。抗日队伍需要手榴弹，马雄冠就带领顺昌积极投入翻铸弹壳的生产；听闻后方新闻纸奇缺，顺昌机器厂便为宜宾的中国造纸厂设计并制造了全部制浆造纸设备；得知后方缺衣着用布，需要开办纱厂，但无法进口纺纱机，于是在马雄冠的带领下工程师们根据当时的条件测绘、设计印度曾开发的小型纺纱机，在顺昌厂的北面与陆邵云合作开办了一个小型纺纱厂。机械工程师孙孝儒回忆："从棉花进厂到棉布出厂的全部装备都由我们制造。这些纺织当然谈不上什么'先进水平'，甚至可以说相当粗糙、落后，但是即使现在回想当时的情景，一股创业的胆识、勇气、自豪感又会在胸中升起。"而且在 1943 年，工程师孙孝儒和徐载贤设计了"蜂窝式浇铸法"铸造造纸机的烘缸，产品沙眼少、气孔少、质量好及成品率高，是当时国内造纸机制造技术上的一项重要成就。可见，顺昌机器厂拥有独立设计能力，在制造效率、产品质量、销售对象、原料供应等方面都优于战前，顺昌机器厂的营业对象涉及各个领域的国营和民营企业，织成了一张庞大的机器交易网，但以国营企业居多。经过马雄冠和这批技术人员的努力，顺昌机器厂在民营机械企业中颇负盛名，享誉整个大后方工业，成为大后方民营机械企业的"六大金刚"之一，著名机械专家顾毓琇称顺昌机器厂是大后方民营机器制造企业中成绩最佳者之一。马雄冠和他的同学们承担着实现中国制造强国的重任，以直接或间接的方式，参与了抗战救国及后方经济建设，承担工业建国的使命，以微薄之力推动中国机械工业向前发展。他的挚友孙孝儒回忆在大后方的往事说："整个抗战时期，我们这一群同济人在当时工业落后，器材缺乏的困难环境中，发扬母校一贯提倡的'崇尚实际'的精神。因地制宜地解决问题，生产了许多实用的机器设备，还常常添补了一些行业急需配套的缺损的设备，装备了后方的工业生产，支援了抗战，同时也把顺昌铁工厂发展为一个欣欣向荣的重庆著名的机器制造厂。"① 而马雄冠作为具有强烈爱

---

① 佚名：《我们的父亲马雄冠》，第 1 页。

国情怀的民族企业家，在其中充分发挥了企业家的主体作用，彰显出勇于承担社会责任，肩负起救亡使命的企业家精神。

机械需求因战争而起，必因战争结束而衰。民营机械企业在战争需求以及政府控制与扶持之下，求得发展机遇，暂时享受到了战争带来的红利，但这种红利并不会持久，因为战争终有结束的一刻。1945 年当日本投降时，中国人民迎来了自近代以来第一次取得的反侵略战争的完全胜利，欢欣雀跃之后是一筹莫展，后方企业全部陷入衰落的局面，四处都是破产、改组、合并等现象。雪上加霜的是，中国结束了反侵略战争，却再次陷入内战泥潭，社会动荡、政权不稳、经济困难，而且国民政府放弃了扶持民营机械企业，以及在国统区实施了不恰当的经济措施。在这种环境下，民营机械企业再也经受不住战争的折腾，不得不结束了在大后方的活动。马雄冠也没能领导顺昌机器厂避开战火，迅速陷入绝境中，无力维持生产，最后只能遣散工人，停业闭厂。遣散过程中，遣散费问题导致严重的劳资纠纷，他深受打击，"在那段时间内，顺昌反复多次发生劳资纠纷，马雄冠的思想受到很大的冲击，他知道只有以身作则、团结全体员工，才能办好工厂，才能践行'工业救国'的志向，但私营工厂的劳资纠纷又是无法克服，他不知如何是好而苦恼"。遂请中国劳动协会主任朱学范出面协调，最后才得以平息。对于这样的结局，马雄冠说："这是一个不幸的潮流！这是以往各种错误的总清算！这次本厂的结局虽悲惨，我们对于将来的希望还是不必悲观！只要我们的国家走上工业化的大道，我们这班从事机器工业的人们，只要自身站得住、不腐化、不恶化，必定仍有发挥智能来报国的机会！"①从这句话可见，马雄冠虽对顺昌机器厂的结局感到惋惜，但他仍不忘自觉肩负发展中国机械工业的责任。抗日战争结束后，马雄冠受国民政府资源委员会聘请，前往上海筹建"上海通用机器厂"，以继续发展中国机器制造业，践行"工业救国"的志向，他将顺昌工厂交给余桂铨和

---

① 《顺昌不得已逢准停业遣散告工友书》，1945 年 9 月 19 日，重庆档案馆藏档0918000200016000083。

毛士松经营。马雄冠的离去，意味着由他与同济大学同仁经营的顺昌机器厂在大后方的故事接近尾声。1952 年，顺昌铁工厂向西南工业部申请公私合营，获得批准，改名为公私合营重庆通用机器厂，迁址于杨家坪。自此，"重庆顺昌铁工厂完成了她的历史任务"。①

在大后方发展机械工业实属艰难，是需要一定的精神动力去推动与支撑的。正是有了民族责任意识和自力更生的工业文化，马雄冠和这一批从上海同济大学机械专业毕业的爱国青年，将个人命运与国家命运紧密相连，将国家利益置于个人利益之上，主动站出来为国效力，承担民族责任，以抗战到底的决心，以矢志不渝的精神，艰苦奋斗于机械行业，生产出一批又一批的机器精品，支援了抗战，建设了大后方。马雄冠更是他们之中的佼佼者，他主动承担时代责任，用自身行动践行了实业救国的志向，践行了天下兴亡匹夫有责的责任担当，将这种责任精神和自力更生精神熔铸成了中国企业家精神的深层底色。

四、建设国家，终身无私奉献

无私奉献是对中国企业家精神最好的诠释。1946 年初，国民政府资源委员会授意马雄冠筹组通用机器公司。为了战后国家建设，马雄冠迅即离开重庆，赶赴上海，筹备上海通用机器公司（现上海汽轮机厂）。当时，国民政府的资源委员会在上海创办了三个大型工业企业，一个是以制造母机为主的中央机器公司，一个是以造船为主的中央造船公司，一个是以制造动力和通用机械为主的通用机器公司。当时这三个公司的拨款比例是 4：3：2，马雄冠牵头的通用机器厂获得的拨款最少。到 1947 年，通用机器有限公司正式宣布成立，并于当年 7 月 31 日由资源委员会公布了《通用机器有限公司章程》，同年底，公司已能投产制造。到 1949 年时，上海通用机器厂已经在闵行大量生产了，拥有

---

① 《我们的父亲马雄冠》，第 15 页。

土地 33 万平方米、工作母机 280 余台、职工 300 余人，生产出了蒸汽机、鼓风机、电工葫芦、水泵等产品，客户涵盖了国营企业、私营企业、兵工厂、政府机构、银行等。而另外两家公司，尚未形成生产能力。相比之下，马雄冠带领的上海通用机器厂，获得的投资最少，但效率最高。此外，通用机器有限公司虽然是一家纯国有企业，但马雄冠根据市场行情和企业自身状况，推行了一条纯商业化的经营路线，最大限度地利用有限的资源生产经营，而这一经营路线是得到政府认可的。在 1946—1949 年动荡的环境中，正是由于马雄冠的纯商业化方针，通用机器有限公司成为资源委员会在上海所办机械厂中成绩最突出的一个。从通用机器有限公司的生产和销售来看，国家对公司起着提供需求扶持与保育作用，但具体绩效的取得则有赖于马雄冠为公司注入的商业化经营路线和企业家精神。①

马雄冠在办厂期间，生活力求简朴，个人不讲排场，重视培养人才，关心员工生活，优待尽心尽力的工人。他还自掏腰包，在市区租了两栋西式洋房，同时在闵行厂区修建专门员工宿舍，提供给员工居住，而他自己仍旧住在破旧的老宅里。当解放军逼近上海时，厂里没有了生意，而国民党的拨款早就断了，为了维持厂子运转，他没有裁员，也没有减薪，而是卖掉了 20 台机器维持员工生活。正是这样，最后上海通用机器厂以完整的职工队伍迎接了上海的解放，并随即再次投入生产。从中可看出马雄冠建设机械工业的决心和能力，更展示出他舍己为公、大公无私的奉献精神。

新中国成立后，他继续为国家建设服务，担任了新中国华东工业部上海通用机器第一厂长，随后又调职到第一机械工业部任教育处处长，从事机械技工培训事业。他说技工培训是一项基层工作，没什么高深理论和尖端技术，从个人的名利角度看，似乎不值得去做。有人对他说，一位高级工程师，放着科研、设计、高等教育不干，却去给新工人扫

---

① 严鹏：《国家权力、企业家精神与企业经营——以通用机器有限公司（1946—1949）为例》，《史学月刊》2015 年第 2 期。

盲，搞的什么名堂！他却不这样看，任何一项高超的设计，没有高质量的工人，就甭想得以实现。这是极浅显的道理。可惜至今在我们的一些管理部门和技术人员中，仍然对技工教育缺乏足够的重视。所以他的后半生就奉献在技工教育上，组织管理技工教育并亲自翻译和整理了大量德国技术工人训练教材。他的好友孙孝儒说："我在五十年代到北京他家里去走访，他告诉我每天早晨三四时即起床，翻译德国的技术工人训练教材。"他十分注重理论与实践的结合，常常亲自进工厂实操，亲自教工人技术，在当时培养了大批优秀的机械技术人才。

改革开放后，为了经济建设的需要，1981 年马雄冠将毕生的积蓄20 万元献给国家。他在上交报告中说道："钱放在我这里不如用于国家建设作用大。将存款捐献给国家，不仅是我个人的心愿，而且是我们全家共同的心愿。"1985 年马雄冠在北京逝世，享年 80 岁。他把毕生的心血都奉献给了国家的建设和中国机械制造业的发展，孜孜以求、勇于创新、精益求精、无私奉献，出于一片赤诚热爱，为我国的机械制造业做出了巨大的贡献。这种舍己为公、努力建设国家、大力发展国家机械事业的无私奉献精神，是对中国企业家精神最好的诠释，也是工业文化的具体表现。

结　语

心怀国之大者，矢志国之重器。马雄冠是近代中国民族企业家的楷模，他先后经营顺昌石粉厂，创办顺昌铁工厂，改组顺昌机器厂，建立上海通用机器公司，从事机械技工培训事业，终生致力于中国机械制造业，在中国工业化道路上摸索前行。马雄冠身上凝聚着一股精神之魂、一股民族之魂，那种"天下兴亡匹夫有责"的爱国精神、"逆流而上"的创新精神、"自力更生"的责任精神、"舍己为公"的奉献精神，真正诠释了中国企业家精神。工业报国、创新奉献、自力更生、自强不息、大公无私的中国企业家精神是工业文化形成和发展的重要动力，也是推进新时代我国经济社会发展的宝贵财富，更是全面建设社会主义现代化国家和实现中华民族伟大复兴的强大精神力量。新时代需要进一步传承和培育工业精神，提高工业文化素养，深度挖掘并释放工业文化的内在价值。

企业史普及的可能性及意义

——《企业史入门》评介

刘　玥*

摘要：日本学者宫本又郎、冈部桂史与平野恭平编著的《企业史入门》是一本具有学术性的企业史普及读物，既具有教科书性质，又可供普通读者自学。该书作为企业史普及的一个案例，在文献中尚较少见。企业史普及的可能性与企业史自身的价值有密切关系。《企业史入门》以通史为架构，穿插了简明扼要的专题知识，突出了江户时代以来日本各时期企业史的重点内容。该书对于中国企业史的发展具有一定的启示性。

关键词：企业史；经营史；普及；通识

企业史作为一门学科，自诞生之初便与商业实践有着密切的关系。从某种意义上说，自钱德勒之后，企业史研究才真正理论化，并越来越趋向于学院派风格。目前，企业史大体上有两条路径，一条为历史学家、经济史学家等学者的纯学术研究，其作品大多为面向专业读者的学术专著；另一条则为各类身份不一的作者的通俗写作，其作品面向社会大众广为传播。两条路径的知识生产机制是截然不同的，在某种意义上，这也割裂了企业史的整体性。如果要深入思考，则根本性的问题不

---

* 刘玥，深圳市南山实验教育集团南海中学教师，硕士毕业于华中师范大学中国近代史研究所。

可回避：什么是企业史？企业史的意义是什么？与美国、日本等国相比，中国的企业史在学术研究与社会传播之间存在着更为泾渭分明的鸿沟，由此亦影响到这门学科的"致用性"。在这种背景下，日本学者宫本又郎、冈部桂史与平野恭平编著的《企业史入门》（『1からの経営史』）①一书，展示了企业史的另一种可能性，具有较大的启发性。

一、形式与动机：对企业史的界定

《企业史入门》由硕学舍出版于 2014 年，是一本较新的著作。从形式上看，该书类似于自学用教科书，因此也可以视为一种普及读物。一般来说，经济学、管理学、国际贸易、会计学等学科的普及读物很常见，因为这些学科的实用性强，受众面广，初学者或非专业读者有入门的需求，由此催生了大量通俗易懂的普及读物。但企业史是相对小众的领域，而且历史与现实存在着距离，似乎也缺乏实用性，市场需求较小。在这种社会氛围下，《企业史入门》作为研学舍系列普及读物中的一种，显得有些特殊。

该书作者大概也考虑到了现实的市场情形，写下了这样的开场白："读者中一定有许多人直到上完高中都在学习日本史和世界史的人吧。一直以来所学习到的历史是关于政治、战争、社会文化以及经济和经营相关的知识。即使在历史以外的科目，像政治经济与现代社会，也会学习到包含其历史在内的关于经济和经营的知识吧。"这就表明了一种站在读者角度思考的立场。继而，作者循循善诱道："那么，读者朋友们在迄今为止的学习中，有多少企业、企业家、技术人员的照片和名字引起你们的注意了呢？通过直到高中为止的学习，以及受到电视剧和小说等的影响，你们至少对涩泽荣一、岩崎弥太郎、松下幸之助之类的名字，不管在哪里应该都是看到过的。并且，因为与找工作之类相关，你

---

① 该书封面配上的英文名为"The 1st step of business history"。

们都会展露出对一些企业的关心吧。但是，遗憾的是，直到高中为止的学习中，关于幕府末期以来为作为落后国家起步的日本向先进国家迈进奠定经济基础的企业、企业家和技术人员的学习十分有限。我们想让大家更多地了解现今的日本经济社会是以这些人的轨迹为基础而发展起来的。"这段话表明，普通日本人很容易接触到涩泽荣一、岩崎弥太郎和松下幸之助等企业家的名字，但对于这些企业家及其企业的具体知识却可能并不清楚。而作者希望，通过介绍企业和企业家的历史，帮助读者了解日本成长为经济大国的过程。值得注意的是，这段话对于"人"是相当强调的。

不过，企业历史本身的重要性不等于企业史对于普通读者具有学习的必要性。因此，该书作者进一步阐述其观点，导入了企业史对于现实的价值："很多先人们在过去的辛劳与努力中产生的创意与办法，不能说仅仅是过去之事。即使从现在来看，对于制定出优秀的经营模式，有着和现在同样的关于商业的设想，并且成为与现在的经济、经营活动相关联的基础，过去的企业、企业家、技术人员之类的各种各样的经济、经营活动即使到现在也必须被重视。为了更深刻地理解现在，并且获得与未来紧密相连的视角，希望大家能从历史的角度去学习，这是我们编撰此书的目的。"具体而言，作者举出了历史两方面的功用。其一，历史能提供经验教训："历史是循环往复的。如果这样想的话，学习历史的一个理由是以活在当下为基础从过去获得经验与教训。通过学习与现在非常相似的过去发生的事，能够得到对现在的警示以及通往未来的方法。只有这样才会符合历史的职责吧！"但作者认为仅仅如此理解历史的作用是不够的。其二，历史能帮助今人更好地理解现实："从流逝的过去中定位现在，可以说能更加深刻地理解现在。"为了强化论点，作者还引用了马克·布洛赫等历史学家的名言。但是，这第二层功用显然过于抽象了。于是，在请读者"细细咀嚼这些学者的话"后，该书作者便开始界定企业史。实际上，对企业史的界定本身也包含着对企业史意义的阐发。

　　作者首先指出企业史从理论上说是一种专门史："在大学有各种各样的学院。关于历史的话，应该是文学院的历史学科，即使是在其他的学院和学科中也存在研究历史的领域。在工学院中有技术史和建筑史，在教育学院中有教育史，法学院中有政治史和法制史，关于经济、经营的历史也有经济史和企业史的领域。"但此处就产生了有关企业史作为学科的一个关键性问题："这些经济史和企业史到底有怎样的区别呢？在经济学院学习的历史和在工商管理学院学习的历史有什么区别呢？"在普及读物中向读者抛出了这一不少研究者都可能没有意识到的问题，显示出《企业史入门》实际上具有相当的专业性。作者引用了一般性理解企业史的几种定义，包括"通过对过去经营现象过程的分析，说明其因果关系"，以及"以企业的经营活动为对象，企业在不同历史时期面对不同的经营问题是如何解决的，同时企业活动的背后是否有什么问题，溯清此源流，便可解释清楚发展到现在的企业经营活动的历史性的发展倾向"。继而，作者又指出经济史是"以广阔的经济活动和经济现象为对象的历史，其中也包含着企业的企业活动和一些经营的现象"。因此，作者认为企业史"面对的不是像经济史一样广阔的经济主体，而是更为关注企业这种主体，以及负责这些企业的企业家、经营管理者和技术人员"。更为具体地说，经济史和企业史研究的对象与取向不同。经济史研究的对象比企业史要大："经济史是从很大的经济单位（比如国家或者地区）中去考察受它影响的企业及其生产经营者的。企业史则首先要看的是企业和其自身的经营，之后再去探讨其所处的构造和环境之类的问题。"由此带来研究取向的不同："经济史关心的是在很大的经济单位下企业和经营所起的作用或机能，而企业史关心的是原本的企业的构造以及经营的内在本身。"换言之，企业史研究必须立足于企业，从企业本身出发，由内及外地去探讨与企业相关的问题。

　　作者指出，企业史的特性与企业史成为一门独立学科的历史有直接关系：企业史是 20 世纪 20 年代在美国诞生的一门学科。被称为企业史的创始人的 N.B.S.格拉斯，作为经济史研究者的同时创造出与经济史不同的新的学科。"格拉斯寄托于企业史的念想是，考虑历史中企业经营所实现的意义以及可能性，并且去回顾作为其担当者的活生生的人的历史。他很重视个别企业和经营者的主体性，会考虑个人自由的意志决定以及以此为基础的行动如何推动历史的变迁。这种重视企业和经营者的立场，作为企业史基本的研究态度一直到现在还在持续着。"不过，作者亦指出这种企业及企业家中心视角的企业史具有局限性，而且受到了后来学者的挑战："曾经的企业史，是以对具体案例的研究为中心发展的，对于外部环境和社会经济背景的关心是比较稀薄的，到第二次世界大战以后企业家史的登场则试图打破这一传统。"作者将两种不同的企业史研究路径分别称为"构造决定论"和"个人意志决定论"，并认为"偏向任何一方都有可能会造成历史的误读"。从全书内容来看，作者显然对两种路径进行了调和，颇符合入门读物客观、全面介绍知识的要求。

总体来说，《企业史入门》采取了简明的自学用教科书的形式，其动机则在于帮助读者通过历史来理解现实的企业经营。作者从历史的一般性功用来谈学习企业史的意义。在界定企业史时，作者没有给出自己的定义，但通过区分企业史与经济史，展现了企业史作为一门独立学科的依据及其特点。或许囿于篇幅及受众，作者没有过多地展开对于企业史内涵及意义的讨论。不过，通过追溯企业史的学术史，以及剖析企业史的研究路径，《企业史入门》向普通读者展示了企业史是一门严肃的学科，值得去学习，这对于企业史普及而言还是很有意义的。

二、结构与内容：穿插专题的通史

《企业史入门》是一本标准的历史教科书，采取了通史的框架，将专题和细小的知识点穿插其中。

该书由 15 章构成。根据作者的设计，大学课程按照惯例会分成 15 周去讲，拟定每周讲一次，每次讲一章，由此而得 15 章。可见，在作者心目中，《企业史入门》是可以作为大学教科书使用的。该书共分三大部分，前三章是从江户时代到第一次世界大战前；中间的五章是从第一次世界大战到第二次世界大战；第二次世界大战以后的部分由七章内容构成。与一般日本经营史教材相比，该书的一大特征是第二次世界大战以后的内容占有很大的比重。各章内容均以最新的企业史研究成果为基础，展开对具体事例的讨论。在每一章还设有两个专栏去介绍基础的理论、概念以及一些历史小插曲。

《企业史入门》吸收了经济史学界自 20 世纪后期以来的较为流行的新观点，认为日本近代经济的发展，并不是伴随着幕府末期 1859 年的开港，以及突如其来的西方文明的输入和日本的模仿而突然开始的，明治以后日本经济得以快速发展的条件在江户时代已经开始准备。因此，该书从江户时代写起。第一章《江户时代的经营》认为，江户时代商品生产在全国活跃起来，江户时代因而也成为那些交易商品的商人们活跃的时代。虽然这一时期仍被视作农业社会，但是各种手工业已经相当发达。酿造业、纺织、金属加工、造船等产业工人的熟练化为明治维新以后的工业化提供了基础条件。本章以江户时代的豪商为例，介绍其经营系统的发展过程，涉及商人的雇佣工制度，家法、家训以及经营理念，资本结合以及统治的机构，多元化的经营和记账法，同时也以九州有田的陶瓷业为例对制造经营进行分析。第二章《明治时期的企业家们》涉及内容的时间范围为从幕府末期到明治时期，这是日本社会经济发生大动荡的时代。在这一时期，企业家们也在发生着变化。江户时代那些以享受荣华为骄傲的大阪与江户的豪商们的命运发生改变，走向新的历史舞台的新型企业家们主要有五种类型：江户时期的商人的再生（典型代表是三井与住友家族），在动乱时期从底层发展起来的商人（岩崎弥太郎等），技术工人、工匠出身的企业家们，具有事业心与革新精神的社会企业家们，财界大亨（涩泽荣一等）。第三章《近代产业经营的成立》提到，作为日本工业化启动的象征，机械纺织业开始振兴起来。本章讲到了日本机械纺织业在城市和乡村开始建立起来，以大阪纺织为例，讲述纺织技术迈向两千锤纺织的过程，以及工厂的具体管理和大规模工厂的形成。

第二部分的五章涉及日本直到第二次世界大战战败前的企业史。第四章《财阀的多元化与组织》认为战前的财阀在各个产业领域中均有体现，实为日本经济的中心。这一章以近代以后作为新兴势力登场的三菱财阀的诞生与发展为例，讲述经过四代人的发展，到中日战争期间，三菱财阀在日本经济及企业界取得的地位，以及在重工业部门取得的成就。财阀的发展基本上形成了现代大企业的雏形。本章同时讲到，从明治后期开始各财阀、各企业中专业经营者发展起来。第五章《重化学工业化与新兴财阀》讲述了日本作为经济大国的支撑产业是重化学工业，其在战争期间开始启动，到战后获得了巨大的成长。本章介绍了日本化学工业，特别是日本窒素肥料的发展以及企业家野口遵的人生经历与活动，同时举了四个财阀企业家的事例，总结日本新型财阀的特征。第六章《技术经营的诞生》以日本电气工业为主，介绍了日本企业从美国或者欧洲引进最新的电力技术没有止步于消化吸收，还在此基础上进行研究和开发。日本企业的研究开发的组织能力体现在电气企业相关研究技术的成熟。该章首先讲电灯技术的国有化，在世界六大种类电灯的发明中，有两类是由日本发明的。同时，逐渐国际化的日本企业则讲到了芝浦制作所、三菱电机公司、日本电气公司等。第七章《日本式人事管理和工薪阶层的诞生》认为该时期日本的人事制度发生变动，学生从学校毕业的同时去一个企业就职的稳定的工作制度，构成了"无间断的工作移动"。企业与大学直接建立起了人才信赖机制。以日立制作所为例，讲述了职员和职工的区别以及实现日本电气机械国产化之梦的创业者小平浪平。在日本人事制度的变化中，女性劳动者在日本新的"人事管理"中数量增加。第八章《都市型商业的成立》主要讲述日本在什么时候生活开始洋风化，人口渐渐向大城市集中，铁路开始普及，铁路国有化，以及新商品市场的扩大。除此之外，还有宝塚歌剧院的创立。生活用品的洋风化体现在交通工具的使用，啤酒的饮用，西式点心、西式化妆品、电灯、照相机等产品的出现。毫无疑问，这一章摆脱了以企业为中心的企业史视角，将视线投向了企业生存于其间的社会经济环境。

第三部分介绍了战后的日本企业史。第九章《经济民主化和企业变革》围绕日本战后财阀的解体以及劳动民主化的推动，讲述日本企业是如何发生变革以及日本高度经济发展是如何形成的。内容还包括企业集团的形成，以及企业之间竞争加剧。第十章《大众消费社会的到来与家电制造的发展》介绍称，这一时期，冰箱、洗衣机、电风扇成为日本民众生活中的高消费产品，家电市场不断成长。日本从国外引进相关技术，开始大量生产。这一时期日本企业构筑起商品买卖与流通的网络，广告与宣传活动不断兴起。第十一章《企业集团和主要银行》讲述了战后日本企业金融方面的特征，并以东洋工业的经营出现危机由住友银行进行救济为例，详加说明。第十二章《日本式生产体系的形成》讲述了日本制造业在二战后的崛起，以丰田汽车为例，介绍了战前到战后，日本汽车制造业独特的生产体系形成的历史。第十三章《流通的革新》介绍了二战后随着大量生产和大量消费时代到来，人们的生活方式发生了巨大的变化，超市诞生，便利店开始出现。第十四章《变化中的综合商社》认为综合商社是日本固有的业态，作为世界上规模巨大的商社而出名。本章讲述了作为商社之首的企业三菱商事所进行的事业改革，所经历的困境以及对资本效率的重视。第十五章《日本式经营及其变化》认为，促成日本经济成长的一个很大的原因是，日本独特的经营方式。但是在 20 世纪 90 年代初期泡沫经济破灭使得日本经济陷入了长期的低迷状态，舆论出现了日本式经营落伍了这样的说法，本章基于此探讨：日本式经营存在吗？如果存在的话，日本式经营到底是怎么样的呢？为什么对于日本式经营的评价峰回路转了呢？对日本式经营的再构筑现实吗？本章涉及日本企业经营的三个类型、本质以及日本型劳资关系的形成，泡沫经济后日本式经营的不健全。在这一章，历史走入现实，企业史与企业经营的当下问题合而为一。

从各章内容简介可以看到，《企业史入门》既叙述了日本企业自江户时代以来的发展历程，又突出了每一时期日本企业最重要的发展特征与相关问题，在立足于企业和企业家的同时，也不忘经济大环境的变迁，绘就了一幅清晰而完整的日本企业史画卷。在叙述各知识点时，该书简明扼要，往往以纲要式语句勾勒重点。例如，书中对丰田生产方式的介绍，能够使一个完全不具备相关知识的读者，了解到什么是丰田生产体系、丰田生产体系的缘起与简史，以及丰田生产体系的核心思想及基本举措。对于非专业读者来说，能了解到书中介绍的程度就足够了。而对于志在深入学习的读者来说，这种程度的介绍也提供了进一步了解相关知识的有用的铺垫。如此确不失"入门"之意。

三、思考与启示：撰写中国的《企业史入门》是否可能？

《企业史入门》可以带来的思考与启示是多方面的。对于中国读者与中国企业史的研究者来说，该书足以成为本土实践的借鉴与参考。于是，一个必然会产生的根本性问题是：撰写一本中国的《企业史入门》是否可能？这个问题，或许是中国读者与中国企业史研究者在针对该书进行思考时的一个中心问题。回答这一问题绝非易事，但有若干直接由该书引发的思考可先胪列如下。

（一）反思企业史的价值

要撰写中国的《企业史入门》，首先应当反思企业史的价值，即：企业史是否有成为独立学科的价值？作为一门学科，企业史是否有向大众普及的价值？事实上，企业史研究发展到今天，必然有其内在的价值予以支撑。然而，作为一门学科存在的价值，不必然等同于具有向大众普及的价值，甚至不一定具有在高校里开展教学的价值。在当下中国的具体情境里，学院派企业史基本上附属于经济史学科，是经济史学科之下的一个研究领域，本身也缺乏学术理路上的独立性。换言之，具有学术性的企业史普及读物，是企业史作为一门独立学科的体系中的一个环节与一个层级，当这一体系本身不存在时，就很难要求其各构成要素存在。今天的中国并不缺乏优秀的经济史普及读物与入门教科书，这对于思考企业史的价值是有参考意义的。

（二）以企业自身为中心

企业史必须以企业自身为中心，这近乎一个无须赘言的常识，但在现实的研究中，则不尽然。要之，企业自身的生产经营活动是学者们的研究对象，企业生产经营活动所反映的社会议题也可以是学者们的研究对象，企业和企业经营者参与或卷入的非经济性活动同样可以是学者们的研究对象。在后两种情况中，研究者的关注点往往不在企业史本身，而是以企业为一个研究对象去探讨非企业史的问题。然而，通常情况下，企业不是慈善组织，不是政治团体，不是教育机构，不是文化现象，企业就是一种以生产经营活动为其存在依据的经济实体。以企业自身为中心研究企业史，就是要研究企业自身的生产经营活动，并以企业的生产经营活动本身为具有探讨价值的问题，这才是企业史的本意。如果缺乏这种以企业自身为中心的坚实的企业史研究，那么企业史作为一门学科是没有存在价值的，撰写具有学术性的企业史普及读物更为奢谈。在这一方面，日本学界习惯称企业史为"经营史"，其实更准确地把握了企业史的本质。

（三）研究与表达缺一不可

《企业史入门》作为一本日本企业史的教科书，在时段上具有完整性，在专题上具有专业性，又能以简单浅显的语言叙述出来，看似容易，实则困难。任何具有学术性与专业性的普及读物或通俗读物，一定建立在整个学术界进行了充分而系统的专业研究的基础上，然后通过具有相当文字表达能力的作者将其化简为面向非专业读者的文本。因此，中国的《企业史入门》的撰写要具备可能性，也必须同时注重于研究和表达这两个方面，两者缺一不可。

从大同机车厂看新中国轨道交通装备制造企业发展史

张钰杰[*]

摘要：轨道交通装备为铁路运输提供牵引动力，是我国铁路事业发展的重要组成部分。大同机车厂是新中国成立后自行设计、自主兴建的第一座大型机车制造工厂，经历了我国铁路装备从蒸汽机车到内燃电力机车的更迭，也参与了国有企业从计划向市场的转变，逐渐发展成为我国交通装备走向世界市场的主力军。本文简要介绍了大同厂在机车装备制造领域的发展历史，指出自主创新和核心技术对于制造企业在市场竞争中的重要性。

关键词：机车装备；大同机车厂；自主创新

新中国成立以前，帝国主义国家或是在中国强行修建并直接经营铁路，或是通过铁路贷款权以债权人身份控制铁路线，铁路线上行驶的机车也都是国外制造，中国近代的铁路发展始终受到帝国主义渗透和掌控。新中国成立之初，我国拥有近 200 种型号的 4 000 余台蒸汽机车，但保有的蒸汽机车全部为日、美、英、法、德、比、捷等国家制造，中国的这一实际状况也被戏称为"万国机车博览会"。已建成的机车车辆厂也大多分布在重要铁路沿线，各厂的主营业务也仅仅是负责铁路机

---

* 张钰杰，华中师范大学中国近代史研究所硕士研究生。

车、客车和货车车辆的检修业务，甚至修理车辆所需的零部件都需要从国外进口，工厂只修理不制造。新中国成立的初期，国民经济千疮百孔，工农业生产力低下，交通遭到极大破坏，新中国的经济处于百废待兴的境况。在内忧外患交杂之中，党和国家领导人决定有重点地开展国民经济恢复工作，经济恢复和发展首先要解决的就是交通运输和道路整修问题。党和国家领导人清醒地认识到交通事业对新中国经济恢复、建设的重要性，在解放战争前夕召开的华北财经会议中交通问题讨论就排在军工之后，重点讨论新中国交通的统一管理与公铁两路的恢复、建设和谋划。毛泽东在谈及中国铁路问题时也表明："我们这样大的国家，现在还只有二万多公里铁路，这太少了。我们需要有几十万公里的铁路。要修成几十万公里铁路。"① 当时全国铁路总里程仅 2.18 万公里，有一半还处于瘫痪状态，这对于广土众民的中国来说是远远不够的。截至 2021 年底，全国铁路营业里程已达到 15 万公里，其中高速铁路营业里程也已有 4 万公里。时至今日，中国铁路事业规模同新中国成立之初相比已经发生了翻天覆地的变化。

大同机车厂是新中国成立后为支援国家经济建设而设立的机车制造工厂，是我国"一五"计划和新中国工业化发展的重要组成部分。1954 年 6 月，第一机械工业部决定筹建制造蒸汽机车的大型工厂，黄敬部长在例会上提出新建机车、客车、货车三个工厂的计划，代号分别为四二八、四二九、四三零，机车厂先建，新厂联合筹备组在北京成立。经过实地考察、选址、勘测，1955 年 2 月，经过国家建设委员会同意，第一机械工业部机车车辆工业管理局正式批准，决定在大同市西郊同蒲铁路以南、十里河以东的十里店修建第一座机车工厂，初步计划工厂生产规模为年产 500 台 1－5－1 型蒸汽机车。

---

① 中共中央文献研究室：《毛泽东文集》第 5 卷，北京：人民出版社，1996 年，第 306 页。

一、蒸汽机车时代：新中国机车制造起步

新中国成立初期，中国铁路蒸汽机车保有量约 4 000 台，以"解放"和"胜利"命名。1956 年大连机车厂制造出我国第一台和平型蒸汽机车，它是中国第一次自行设计制造的大功率干线货运机车，拉开了我国独立制造机车的序幕。此后陆续生产建设型、胜利型、人民型、上游型等一系列客货运机车，为中国铁路提供牵引动力。

1958 年，大同机车厂复制了和平型机车的全部图纸和设计计算资料。1959 年 12 月 26 日，工厂第一台和平型机车试制成功，型号为和平型 3501，配属北京铁路局丰台机务段。这一时期工厂仍在大规模施工，大部分厂房还没有建起，甚至有的区域还在拓荒状态中，已经耸立起的厂房中有的还未装配窗户玻璃和屋顶。1959 年 12 月大同机车厂的职工就是顶着冬日严寒在这简陋的环境中成功试制出工厂的第一台蒸汽机车的。截至 1985 年末，新造的 4 824 台蒸汽机车全部由国家按计划统一分配至北京局、沈阳局、哈尔滨局、呼和浩特局、兰州局、郑州局、上海局、济南局、成都局、广州局、柳州局 11 个铁路局的 114 个机务段。另外还向路外 46 个单位供应了新造蒸汽机车。[①] 其间为了确保皖赣新线通车，支援国家四化建设，全厂职工紧急行动，排除万难，奋战 74 天生产制造 30 台前进型机车，提前完成了"上前进，保皖赣"任务。1989 年首次以商贸形式向美国出口了一台国产建设型蒸汽机车，实现了整机出口的"零"的突破。

直至 1988 年 12 月蒸汽机车在我国全面停产，大同机车厂 29 年间累计生产蒸汽机车 5 559 台，[②] 是我国新造蒸汽机车最多的厂家，也是

① 铁道部大同机车工厂志编撰委员会：《大同机车工厂志 1954—1985》，北京：机械工业出版社，1987 年，第 76—77 页。
② 根据《大同机车工厂志 1954—1985》第 8 页的记载，自建厂至 1985 年，工厂共生产蒸汽机车 4 824 台。在 1989 年 5 月 10 日《前进报》第 1 版《工厂三年来的主要成绩》中记载，1986 至 1988 年蒸汽机车停产，共生产 735 台。

世界上最大的蒸汽机车制造厂。大同机车厂生产的蒸汽机车在当时遍布全国，承担着全国铁路货运量 70% 左右的运输任务。

二、电力机车时代：机车制造追赶与引领

人类历史上，机车产品的诞生和发展随着工业革命的推进而不断演变，世界铁路机车装备的发展和进步都遵循着同一个规律，即先有蒸汽机车，后制造出内燃机车和电力机车。在第一次工业革命中，蒸汽机的应用催生了蒸汽机车。1825 年乔治·斯蒂芬森发明第一台蒸汽机车，世界上第一条机车牵引的客货铁路开始在英国运营。蒸汽机车得到了广泛应用，但其运行对煤炭的需求量极大，行驶途中还需要不断地加煤、加水、洗炉，煤炭燃烧排放的黑烟污染环境的同时也危害着人类身体健康。因此，随着动力变革和石油开采蓬勃兴起，曾经盛极一时的蒸汽汽车也逐渐退出历史舞台，开始向内燃机车和电力机车转变。

19 世纪 60 年代后期，伴随着第二次工业革命的开展，人类历史开始进入"电气时代"，1879 年德国西门子成功制造出了实际意义上的电力机车，标志着电力机车诞生。蒸汽机车和内燃机车中从燃料变成机械功的整个过程，都是在机车上完成的，而电力机车行驶所需要的电能得由发电厂经过输电线、牵引变电站和悬挂于电气化铁道上空的接触网导线供给。由于电力机车自身并未装配原动机，需要靠接触网等外部电源供电牵引电动机驱动机车的车轮行驶，因此，尽管电力机车能够提供更高的速度和更强的牵引力，但在当时搭建供应长途运输铁路机车所使用的供电网络耗费巨大，一旦供电线路中断，机车便不得不停止行驶。而内燃机的性能和制造技术在经历第二次世界大战后极大提升，陆续配置废气涡轮增压系统、直流电力传动装置和液力传动装置，使内燃机车的功率大大提高。加之当时石油价格低廉，相比之下，内燃机车更先得到推广和使用。20 世纪初，国外纷纷开始探索制造和试用内燃机车。20 世纪 50 年代，内燃机车数量急骤增长，我国的内燃机车制造也

是在这个阶段起步的。随着铁路基础设施的不断完善和经济发展对机车运行速度需求的不断提高，电力机车牵引力大、时速高、污染小、易保养的诸多优势日趋凸显，远超内燃机车，逐渐成为铁路运输的主力机车。尤其是在交流电出现后，"在它的优越性的诱惑感召下，世界各国都埋头致力于在电力机车上采用交流电的研究"。[①] 因此，电力机车迅速发展并对现代生活方式产生了重大影响。

（一）模仿与试制：转产电力机车

1958 年，在国外技术支持下，我国第一台电力机车的联合设计工作在湖南湘潭电机厂展开。此时国内在电力机车生产技术上较世界先进水平还落后一大截，而国外的电力机车制造技术随着科学技术的发展日新月异。"我国 20 世纪 50 年代末从法国阿尔斯通公司引进的 6Y1 型电力机车就是采用了引燃管技术。时隔 5 年，中国再次从法国阿尔斯通公司引进 6Y2 型电力机车，此时大功率半导体整流管已取代了引燃管。"因此，中国想要在电力机车的生产领域做出尝试，不可避免地需要从学习国外的先进技术开始。"机车以苏联 H60 型机车为蓝本设计，并采用了苏联的引燃管技术。"[②] 设计工作分为总体、机械、电机电器三大部分，大同机车厂派出 35 名技术人员分别参加电机电器、机车总体、转向架、底架、车体等部分的设计工作，此后又增派工艺人员和若干工人参与。1958 年 6 月至 1959 年下半年，历时一年多，"设计完成了 25 千伏 6Y1（韶山 1）型和 35 千伏 6Y2（韶山 2）型电力机车客运全部施工设计图纸"。1959 年，我国第一台电力机车在机械工业部湘潭电机厂问世，"自第二台开始转由铁道部田心机车车辆厂总装"。[③] 大同机车厂还参加了第一台 6Y1 型电力机车牵引性能试验和宝鸡—凤州段线路运行试验，铁道部决定将其命名为"韶山"。韶山 3 型电力机车在韶山型第一

---

① 《电力机车的历史》，《前进报》1989 年 4 月 29 日，第 3 版。
② 赵小刚：《与速度同行》，北京：中信出版社，2014 年，第 14 页。
③ 傅志寰：《我的情结》，北京：中国铁道出版社有限公司，2017 年，第 163 页。

代的基础上进行了两次重大改革，将晶闸管级间平滑调压和改用圆簧成功运用在新的机车上。[1]

中国电力机车的成长与发展，并没有像某位技术权威在苏联专家撤走后断言的"韶山 1 型电力机车已经'走进死胡同'"。在老一辈机车人心无旁骛的钻研之下，我们"硬是闯过了技术关"，与天上飞的"空客""波音"和地上跑的"奥迪""桑塔纳"不同，"在我们的铁道线上，奔驰着的却是中华牌，是用我们心血创造出来的国产机车车辆"，这成为我国韶山系列电力机车研制的开端。[2]

1989 年是大同机车厂转型发展的关键一年。这一年，我国蒸汽机车全面停产，工厂不仅在生产上开始进入向多种产品生产转型的新时期，还面临着改革开放对完善企业内部经济机制提出的更高要求。工厂不再实行产品经济，简单完成上级主管部门下达的指令性计划，而是作为企业独立经营，成为自担风险、自负盈亏的商品生产者和经营者，不再"躺"在国家身上吃现成饭。大同机车厂的命运被推向了"生死存亡"的关头，如何打造出具有自身烙印的主型优势产品，顺利完成转产，成为工厂未来能否在机车生产制造领域存活的关键所在。

80 年代初期，铁道部制定了第一个《铁路主要技术政策》，工厂领导"着手考虑、研究工厂以后的发展方向和主产品的转产问题"。"根据国内牵引动力形势的变化，曾多次作过电力机车上马的动议。1985年，工厂再次作了生产电力机车可行性的调查。"1985 年 3 月，工厂派总工程师带领相关人员辗转各地了解、考察电力机车的发展前景，并在1987 年 2 月向工业总公司上报《我厂生产电力机车的可行性分析》。此后，工厂又相继为转产电力机车做了大量技术准备。在工厂领导带领以及厂内有关部门的积极争取之下，1988 年 1 月 18 日，铁道部下发铁计〔1988〕61 号《关于大同工厂转产组装生产电力机车进行可行性研究的通知》至部建厂工程局、工业总公司，通知写明："根据铁路牵引动力

---

① 《韶山 3 型电力机车的由来》，《前进报》1989 年 5 月 30 日，第 3 版。
② 傅志寰：《我的情结》，第 167 页。

技术政策的要求，机车的生产结构和布局需要作适当调整，大同机车厂拟逐步转产组装生产电力机车。年组装生产韶山 3 型电力机车 100 台；保留蒸汽机车 50 至 80 台的生产能力；充分利用现有厂房和技术装备，除工艺必需外，不再扩建新建厂房，基本不增加普通设备；电控、电器、电机、变压器、牵引齿轮等主要部件、零件由外厂协作等。要求建厂工程局按上述原则进行可行性论证，同时要求可行性报告于 1988 年底报部。"工厂获得了转产电力机车的机会，"大同机车厂作为中国第二个电力机车生产基地正式诞生了"。① 铁路牵引动力现代化将在"八五""九五"期间迅速发展，大同机车厂在机车交替转型的路口抓住了机遇，为自己的生存和发展创造了良好条件。

1990 年 9 月 15 日，大同机车厂生产的第一台韶山 3 型电力机车在完成最后的调整和美化后正式竣工，"经国家验收合格，将交付北京铁路局使用"。② 大同机车厂成功试制成第一台电力机车，成为继湖南株洲电力机车厂之后的第二个电力机车生产基地，成为当时全国唯一能够同时生产内燃、电力两种铁路干线牵引机车的企业。此后，大同厂又根据株洲电力机车厂提供的图样，先后制造了韶山 3B 和韶山 4 改进型机车。随着电力机车生产技术的成熟，经过 4 年不断努力与争取，大同机车厂在 1992 年底与株洲电力机车研究所和成都机车车辆厂联合开发了在当时处于国内先进行列的韶山 7 型电力机车，并在 1997 年至 1999 年的三年时间里相机成功开发韶山 7B、韶山 7C 和韶山 7D 型三种符合铁路"重载提速"要求的机车。大同厂在这场铁路牵引动力变革中，争取到了属于自己主导的"拳头产品"，既满足了用户的需求，也适应了市场发展要求。

韶山型系列主要是直流电传动机车，能达到的最大总功率只有

---

① 《大同机车厂志》编委会：《大同机车厂志（1986—2000）》，北京：中国铁道出版社，2002 年，第 110—111 页。
② 《大同机车工厂首台电力机车通过国家验收》，《人民日报》1990 年 10 月 5 日，第 5 版。

6 400 千瓦。在和谐型交流电力机车下线前，我国铁路普遍缺乏大功率电力机车。21 世纪初，我国铁路牵引动力逐步实现内燃化、电力化，中国经济的持续增长使得铁路货运需求随之增加。为了实现铁路的"跨越式发展"，尽快缩小我国铁路机车车辆装备上与国际先进水平的差距，2004 年 1 月，国务院常务会议通过了《中长期铁路网规划》。在研究通过的铁路机车车辆装备现代化实施方案中明确指出，要按照"引进先进技术、联合设计生产、打造中国品牌"的方式加快我国铁路运输装备现代化。根据国务院的指示，国家发改委与铁道部于 2004 年 7 月联合下达了《大功率交流传动电力机车技术引进与国产化实施方案》，正式开始了新型交流传动电力机车的采购过程。株洲厂、大同厂和大连厂分别对接一家世界轨道交通装备制造行业巨头企业进行合作：株洲厂与德国西门子联合研制 9 600 千瓦八轴货运电力机车，即和谐 1 型（HX_D1）；大同厂与法国阿尔斯通联合研发和谐 2 型电力机车（HX_D2）；大连厂与加拿大庞巴迪合作研发和谐 3 型电力机车（HX_D3）。

在和谐 2 型机车引进、推出的最初阶段，大同机车厂实质上就像是一个组装基地，真正的核心技术和关键部件仍受制于外方。"有自己的车"已经成为大同机车在铁路装备行业新一轮竞争中迫切希望实现的目标。大同机车计划集中力量对引进的和谐 2 型电力机车技术平台进行创新，将其设计为极强拓展性和兼容继承性兼备的具有自主知识产权、达到世界先进水平的产品。中国北车大同公司与法国阿尔斯通公司联合研制了 HXD2B 后，大同机车在吸收 HXD2、HXD2B 型电力机车技术基础上于 2009 年开始自主研制 6 轴 7 200 千瓦的 HXD2C 型电力机车，2010年 HXD2C 型电力机车与 HXD2B 型电力机车同时在大同厂下线。2012年 8 月 27 日，由大同机车牵头组织实施，将中国北车集团自主研发的"北车心"牵引传动系统装备应用于 HXD2C 型电力机车，至此，外方对我国机车核心技术和部件的封锁与垄断终于结束。

通过引进国外先进机车产品，在国外企业转让技术的基础上进行消化、吸收和再创新，将联合研制的机车产品进行深度国产化制造。通过这种"站在巨人肩膀上"前行的方式，株洲、大同、大连三家机车生产企业自主研发出拥有自主知识产权的 HX_D1B、HX_D1C、HXD1D、HXD1F、HXD2B、HXD2C、HXD2 1000 型等一系列深度国产化机车产品，填补了国内大功率交流电客货运机车制造的空白，逐渐实现了国产机车车辆制造完全自主化，逐步在国际市场竞争中实现突破、居于领先地位。和谐型系列机车成为我国铁路第六次大面积提速干线货运重载、快捷运输的主型机车，其问世在我国铁路机车制造史上具有里程碑意义。

和谐 2 型电力机车作为大同机车厂新一代大功率重载型电力机车产品，代表了大同机车厂在大功率重载电力机车制造研发领域具备了成熟的创新开发和生产制造能力。"大同机车"开始作为"国家名片"，随国家发展战略的推进以及领导人出访逐渐走向欧洲和非洲，亮相非洲联盟总部，向世界展示我国机车制造实力。2010 年至 2020 年这十年间，白俄罗斯国家铁路已连续三次从中国采购中白电力机车，"中国为白俄罗斯提供的现代化电力机车奔驰在广袤的白俄罗斯平原"，[①] 成为中白两国经济深度合作的重要成果。"这不仅是中国高端铁路装备第一次出口到欧洲，也是中国大功率交流传动电力机车产品首次通过 GOST 标准（独联体国家铁路技术规范）的认证。"欧洲是人类历史上火车机车诞生之地，也一直都是国际铁路装备市场的高地，欧洲市场的铁路装备技术标准也是全球最高的标准之一。大同机车能够成功进入欧洲市场，表明了中国企业在大功率交流传动电力机车的研发和制造方面成功跻身世界先进行列。

（二）突破与引领：进军高速铁路

随着公路、海运、航空的发展和强势崛起，长途运输上铁路受到飞机的排挤，短途运输上铁路被公路客运分流，铁路面临着来自陆海空多方带来的严峻挑战，这一发展趋势必将迫使铁路行业再一次进行技术创

---

① 习近平：《让中白友好合作的乐章激越昂扬》，《人民日报》2015 年 5 月 9 日，第 1 版。

新，加速铁路在运输高速化、重载化和立体化方面的现代化发展。20
世纪 50 年代，法国、德国、日本展开了关于提高铁路运行速度的试验
与研究。1957 年日本首先提出修建高速铁路的方案，日本东京与大阪
之间的东海道新干线在 1964 年开通运营，将铁路的最高时速推进到了
每小时 210 公里。随后法国在 1983 年开通了巴黎到里昂时速 270 公里
的高速铁路，不论在造价还是性能方面都较日本新干线有了突破和进
步。此后，德国、意大利、西班牙、比利时、英国、瑞典、丹麦、韩国
以及我国台湾地区等都相继建成高铁。高速铁路的出现，使得渐成"夕
阳工业"的铁路又一次焕发生机。

　　高速铁路的定义是随着科学技术的进步而产生并随着客观实际的改
变而变化的。世界上最早以法律条文对高速铁路作出明确定义的是
1970 年 5 月日本的第 71 号法律《全国新干线铁路整备法》，该法律将
在主要区间运行时速达 200 公里以上的干线铁道称为高速铁路。1985
年，联合国欧洲经济委员会将高速铁路分为客运专线和客货混线，分别
要求两条线上的列车最高运行速度达到 300 公里/时、250 公里/时。
1996 年欧盟认为新建高速专用线上的列车时速至少要达到 250 公里。
"UCI（国际铁路联盟）将高速铁路定义为：专门建设的速度大于或等
于 250 公里/小时的高速线路；专门改造的速度达到 200 公里/小时的高
速线路。然而，UIC 在实际统计中，无论新建还是改建，200 公里/小时
及以上的铁路都统计为高速铁路。"① 高速铁路不是一个被完全定义的
概念，不同时期、不同国家可以根据各自实际情况对本国高速铁路做出
定义，即使是在既有铁路线路上进行提速改造、使其运行时速达到高速
铁路要求的，也可以看作高速铁路。进入 21 世纪以来随着经济全球化、
一体化进程的推进，世界经济发展的依存度不断提高，产业结构分工细
化、经济实体集团化使得生产要素在世界市场中大范围、远距离、大宗
量、高频率地快速流转。高速铁路顺应这一经济发展需求而出现，其具

---

　　①　傅志寰：《我的情结》，第 201 页。

有的运力大、能耗低、污染小、全天候、适应性强的技术经济比较优势使其再次成为经济发展的"助推剂"。

"中华之星"是中国铁路面向高速铁路发展自行研发的第一款电动机车组，其前身是 2000 年我国广深线运行的 DJJ1 型"蓝箭"动车组，是中国通过技贸合作引进国外核心技术部件——牵引变流器，在欧洲高铁技术模式基础上研制的动车组。"四部一委"编写《京沪高速铁路重大技术经济问题前期研究报告》一年后，便向国务院上报了《关于报送建设京沪高速铁路建议的请示》，提出力争在 1995 年开工，2000 年前后建成。

90 年代以来，我国高铁经历了漫长的求索过程：京沪线的论证、广深准高速铁路线的铺垫、第六次铁路大提速、秦沈客运专线建成通车，我国高速列车研发按部就班推进着。"八五"期间，中国开始高速列车关键技术的先期研究和科研攻关，包括大功率交直交牵引变流器、大功率交流异步牵引电机、高速转向架、直通式制动系统、微机控制系统和列车空气动力学等。刚刚转产电力机车的大同机车厂抓住机遇，奋力开拓，承担了高速动力车转向架、车体制造的预研究工作。"事实证明这一选择是正确的。高速车转向架是机车车辆的关键部件，对机车高速运行起决定性作用。它与传统转向架相比，具有'全悬挂、空心轴；盘式制动；交流牵引电机；重量轻、功率大'等特点。"① 参与高速列车转向架的研究帮助大同机车厂向高铁列车生产制造进军储备了高新技术和人才。"九五"期间，"高速铁路实验工程前期研究"和"200 km/h 电动旅客列车组和动力分散交流传动电动车组研究"作为国家重点科技攻关项目正式开启。1996 年 7 月，中国第一台流线型高速动力车转向架、车体在大同机车厂诞生。

京沪高速铁路线因各方争论迟迟无法开工。"20 世纪 90 年代以后，京沈铁路山海关至沈阳间的运输能力一直高度紧张，成为进出关'卡脖

---

① 《千里喜讯让人"醉"——大同机车厂制造的时速 300 公里高速车转向架通过超速试验》，《前进报》2000 年 3 月 17 日，第 1 版。

子'区段，急需另外建设一条大能力铁路。"秦皇岛—沈阳客运专线作为替代项目成为我国高速铁路的开路先锋，"'中华之星'被确定为这条线路的主型列车"。① 1998 年 6 月，在两年一度的中国科学院、中国工程院院士大会上，朱镕基总理在其所做的形势报告中同时提及了京沪高速铁路和磁悬浮技术，关于我国高速铁路是选择磁悬浮技术方案还是轮轨方案的话题引起激烈的讨论。"也正是从那时开始，铁道部支持的轮轨制方案与磁悬浮方案的争论越来越激烈，进行中的中国高速铁路研究逐渐变成了铁道部的'争气项目'，铁道部想以实际效果说服国务院领导相信自己的轮轨制方案。这一变化随之加速了'中华之星'项目的上马。"

2000 年 4 月 11 日至 12 日，铁道部在二七车辆厂召开高速列车会议，议定上报中车公司大同厂高速列车重点技术投入项目以及关于制作机车模型事宜：由大同厂牵头设计、株电厂配合研制基于 200—250 km/h 的高速列车交流动力车，2003 年产出商品车。大同厂将其看作"工厂今后进入铁路高速机车市场非常难得的机遇"，计划尽快完成并上报机车设计任务建议书，"同时就机车研制如何发挥好工厂的设计牵头作用、如何处理好与株电厂的关系、工厂内部设计开发如何组织等进行具体研究，掌握好工作方法、策略，满足机车研制需要"。② 同年 7 月，铁道部将 250 km/h 等级高速列车研制作为国家重点科研项目上报国家计委并得到批复。"我（大同）厂承担的动力车研制要按计划抓紧进行，……工厂申请的 5 000 万元高速列车重点投入，要抓紧落实，确保尽快到位。"③

与此同时，研制时速达到 270 公里的高速列车"中华之星"项目也正式成为国家项目。"2001 年一开年就召开了项目工作会议，国家计

① 赵小刚：《与速度同行》，第 111 页。
② 第 12 次厂长办公会议纪要，大同机车厂厂长办公会议纪要，2000 年 4 月 17 日，5·20-47-2，电力机车有限责任公司技术中心档案馆藏。
③ 第 24 次厂长办公会议纪要，大同机车厂厂长办公会议纪要，2000 年 7 月 31 日，5·20-47-2，电力机车有限责任公司技术中心档案馆藏。

委、铁道部的相关领导参加了会议，会议成立了协调小组，由铁道部科技司副司长陈春阳、处长吴心民、北车集团总经理崔殿国、北车集团副总工张洪良、南车集团副总经理唐克林和我本人组成，项目总体组组长由株机厂刘友梅院士担任。"

为保证"争气"项目顺利推进，"中华之星"项目团队集结了当时中国国内铁路机车车辆制造和研发最核心的力量：中国南、北车两大集团旗下的四大铁路机车车辆企业（株洲电力机车厂、大同机车厂、长春客车厂、四方机车车辆厂）、四大科研院所（中国铁道科学研究院、株洲电力机车研究所、四方车辆研究所、戚墅堰机车车辆工艺研究所）和两个高等院校（西南交通大学、中南大学）。"其中，株洲电力机车厂和大同机车厂分别负责研制一台动力车，长春客车厂负责研制 4 节拖车，四方机车车辆厂负责研制 5 节拖车。"这是自中国机车车辆工业分设南北两大集团后，首次由政府出面协调组成攻关团队。"会议明确了项目的知识产权由南北车集团共有，该项目形成市场后，南北车集团各生产一半，这是参照了国际上竞争性企业间合作的通行做法。如果当时铁道部仍按计划经济体制下委派任务的形式抓项目，效果肯定会大打折扣。"[1]

2001 年 8 月，"中华之星"项目通过技术审查，开始进入试制阶段。2002 年 9 月，"中华之星"动车组在中国铁道科学研究院环行铁道试验基地开始进行列车编组调试。同年 11 月，又分别在北京环行铁道试验基地和秦沈客运专线进行高速综合性能试验。2002 年 11 月 27 日，"中华之星"在秦沈客运专线的冲刺试验中达到 321.5 公里的最高时速，创造了我国铁路试验速度的最高纪录。

"中华之星"动车组受多重因素影响，最终成了高铁机车装备的历史，但其成功研制为我国高速铁路机车装备自主创新带来希望，"中国是铁路大国，发展及产业升级中可以适度引进借鉴，但不能完全依靠技术引进来解决中国铁路的问题"。[2] 在进军高速铁路的发展中，中国必

---

① 赵小刚：《与速度同行》，第 210—211 页。
② 王强：《"中华之星"缘何成了流星》，《商务周刊》2006 年 3 月 5 日，第 34 页。

须培育自己的民族品牌。当前，中国高铁已成为"大国重器"的代表走出国门，在全球轨道交通装备市场中占据一席之地。

三、从计划到市场：国有企业体制改革

新中国成立后，在党的领导下，经过全国人民的艰苦奋斗，我国逐步建立了独立的、较完整的、以国营企业为主的工业体系和国民经济体系，为社会主义现代化建设奠定了良好的物质基础。在"一五"期间，我国逐步建立起高度集中的计划经济体制。在计划经济体制中，国有企业被称为"国营企业"，被置于行政部门的附属地位，既不能自主经营，又无须自负盈亏。企业生产经营主要依靠完成国家或上级主管部门下达的指令性计划，生产数量、产品价格、生产要素供给与生产成果的销售都受到政府计划部门和有关行政主管机构的控制。这一体制在社会主义改造阶段和新中国经济发展初期能够充分发挥"集中力量办大事"的优势，将全国一切资源进行整合投向重点发展领域，帮助我国国民经济得到快速恢复和发展。但随着社会主义改造的基本完成和经济发展规模日趋扩大，高度集中和将一切置于计划之下的弊端逐渐显露，它压制了职工的生产积极性、主动性、创造性，也使企业逐渐失去发展动力与活力。问题的显现倒逼改革的推行。随着对计划经济体制以及在此制度下国有企业发展弊端的认识逐渐明确，自 1978 年以来，国有企业先后经历了扩大企业自主权、经济责任制、"利改税"、承包经营责任制、转换企业经营机制等重大制度改革，不断围绕着企业自主权与经济责任、国家与企业的关系、企业与职工的关系、企业发展活力等几个关键问题做出制度探索和尝试。

大同机车厂作为国营工业企业，在建厂初期隶属于第一机械工业部。1958 年被划归铁道部。1970 年 8 月由于铁道部被并入交通部，大同厂被一并划入交通部管理，直到 1975 年 3 月随铁道部分立而重新归口铁道部。1975—1985 年设立铁道工业局，对下属的工厂和研究所实

行统一领导和全面管理。工厂仍旧被划归国家行政部门作为附属工厂进行管理。1985—1996年大同机车厂隶属于由铁道工业局改组的中国铁路机车车辆工业总公司，国营企业开始由附属工厂逐步向企业性质转变。1996年中国铁路机车车辆工业总公司改组为控股公司（简称中车公司），在全系统实行资产经营责任制，开始探索建立现代企业制度。2000年9月28日，根据国家《关于中央党政机关所办经济实体和管理的直属企业脱钩有关问题的通知》和国务院对铁道部整体改革方案的批复精神，中国铁路机车车辆工业总公司与铁道部脱钩，重组为南北两大集团公司，大同机车厂划归中国北方机车车辆工业集团公司，移交中央企业工委管理。至此，工厂与国家行政部门彻底解绑。①

十四届三中全会上通过的《关于建立社会主义市场经济体制若干问题的决定》中明确指出：中国国有企业改革的方向是建立适应市场经济要求的"产权明晰，权责明确，政企分开，管理科学"的现代企业制度，国有企业实行公司制，是建立现代企业制度的有益探索。根据《决定》的要求，大同机车厂开始为建立现代企业制度做出一系列探索和尝试：1995年进行"精干主体、分离辅助、剥离后勤"的体制改革，组建工贸公司、三产开发部，迈出探索建立现代企业制度的第一步；1996—1997年对9个辅助单位进行合并、裁撤和分离处理，使1 746名职工全部与主体分离，并与美国ABC公司中国铁路投资公司合资成立大同爱碧玺铸造有限公司，为工厂深化改革、拓宽国际市场，逐步建立现代企业制度奠定基础；1998年12月，改制铸钢车间，成立大同益达铸造有限责任公司；1999年9—12月间，工厂贯彻中车公司"剥离后勤，分立辅助"的改革指导意见对部分辅助单位进行改制，成立大同机车运业有限责任公司和大同机车设备制修有限责任公司，与建筑分厂签订《委托经营合同书》，标志着工厂在建立现代企业制度的探索中又迈进了一步。1999年11月，大同机车厂被国家经贸委列入债转股企业。2000年

---

① 《大同机车厂志》编委会：《大同机车厂志（1986—2000）》，第40页。

5月，工厂同中国华融资产管理公司签订《债转股方案》，6 月签订《债转股协议》，并于 12 月获国务院正式批复。此后，工厂建立现代企业制度的步伐加快。在工厂改革领导组带领下拟定建立现代企业制度及相关配套改革的初步方案，经过多次讨论、几经修改逐渐成熟。工厂向中国北车集团报送《关于大同机车厂实施股份制改造的请示》，拟将工厂部分优良资产重组，联合其他出资人共同设立有限责任公司。经过 5 年的探索和实践，工厂初步建立现代企业制度的准备工作基本完成。①

　　随着党政机关与所办实体经济脱钩改革工作的推进，2000 年中国铁路机车车辆工业总公司与铁道部脱钩重组为中国南、北车两大集团公司。在"大部制改革"中撤销了自新中国成立以来长期主管国家铁路事业的政府部门——铁道部，实行铁路政企分开，组建国家铁路局，由交通运输部管理，承担铁道部的行政职责；组建中国铁路总公司，承担铁道部的企业职责。国有企业改革逐渐从政策调整转向建立现代企业制度，从战略上调整国有经济布局结构，开启了以公司制股份制改革为主要形式的现代企业制度建设，加快培育、建设有国际竞争力的大型企业集团并推动其逐步"走出去"。中国铁路事业发展开始进入新的发展阶段。

　　南、北车两集团分立竞争促进了我国轨道交通装备制造的快速发展，但随着两家比价争斗严重，恶性竞争矛盾日益凸显，在国内市场中双方多年"激战"导致了巨大的资源浪费，"内讧"逐渐成为干扰"中国制造"拓展国际市场的风险源头。受"走出去""一带一路"倡议布局的影响，为打造"中国高铁"名片，推动中国轨道交通装备成功走向国际，2014 年 12 月中国南、北车集团发出重组合并公告，合并为中国中车股份有限公司。2015 年 6 月 8 日，"中国中车"正式诞生，成为我国"高铁出海"的主要承担者，推动中国高端装备业产业升级，开启"中国制造"向"中国创造"转变的新纪元。

---

① 《大同机车厂志》编委会：《大同机车厂志（1986—2000）》，第 197 页。

结　语

同样是在新中国建立后起步的汽车工业，曾经长期处于"以市场换技术"的陷阱中，在国家政策保护之下通过合资引进外方先进产品，以求最终获得外方技术。但现实过程中，合资企业基本上只是获得了对方产品的生产许可权，企业内不得有活跃的研发组织，企业自身不被允许进行任何产品设计、开发活动，不得开发与外方存在竞争性的产品。可以说合资企业单纯成了国外先进汽车企业进入国内汽车市场的突破口，"有一辆自己的车在街上跑"成了美好的幻想。长期以来受"禁止非定点的国内企业进入汽车工业领域"的政策保护，并不掌握先进核心技术、自主研发能力和自主知识产权的相关企业却能长期赢利并占据垄断地位。在这种发展模式中，大型汽车工业国有企业早已失去自主研发的动力、信心和能力。"中国汽车工业中的合资企业不仅没有产品开发的经济动力，而且出于任何原因进行开发的努力都会遭到外方有意识地遏制。"一旦走入世界市场需要遵守新的"游戏规则"，这些企业将失去政府的保护，只能依靠自身能力。[①]

"中国既非高铁的原创国，也非率先发展高铁的国家。"[②] 当今我国高铁的运营里程已占到世界运营里程的三分之二以上，成为真正的高铁强国。历史经验告诉我们，中国高铁的成功不是偶然，"引进、消化、吸收、再创新"的发展路径也并非看起来那么轻松和容易，中国高铁强势崛起说到底依靠的是自主创新意识的觉醒和交通装备制造企业技术能力的积淀。

大同机车厂，在我国众多机车制造工厂中，并不是历史最悠久、技术最先进的工厂，不论是试制蒸汽机车还是电力机车，都是从模仿兄弟

---

① 路风：《走向自主创新：寻求中国力量的源泉》，北京：中国人民大学出版社，2019年，第66—67页。

② 路风：《新火》，北京：中国人民大学出版社，2020年，第426页。

工厂的机车产品开始。但之所以能够在新中国轨道交通装备制造业的多次变革中经受住考验，延续发展至今，离不开工厂在生产中敢于尝试突破的勇气、机车产品更迭时奋力转产的战略选择和经年累月掌握的核心技术。一路走来，从模仿开始但从未止步于模仿，积攒经验、不断进步，将新的生产技术、工艺内化，从模仿到改进、从改进到研发，一步一步培养形成自己的研发制造能力。

所谓创新，其实不过是在不断培养自主研发能力和积累实践经验的基础上达到的质变。从蒸汽机车到内燃机车、电力机车，大同机车厂是我国轨道交通装备事业发展的参与者，完整、深度参与了新中国成立以来每一代机车产品的制造与更迭，经历了国有企业从计划走向市场的多次变革，见证了新中国轨道交通装备制造业的发展全过程，也在这一过程中同步成长。

我国工业遗产保护利用政策研究

周　岚　陈　畅*

一、对工业遗产的认知历程

从 2003 年的《下塔吉尔宪章》到 2011 年的《都柏林准则》，再到 2012 年的《亚洲工业遗产台北宣言》，我们看到国际上对于工业遗产的认知，是从意识到其是文化遗产中重要的一类文化遗迹，到囊括环境与非物质遗产内容，再到承认不同地区工业遗产的特殊性一步步升华的过程。

我国有关工业遗产的工作起步并不晚，2006 年 4 月 18 日，作为对国际古迹遗址日"工业遗产"主题的回应，《无锡建议》正式颁布。《无锡建议》明确了工业遗产的概念、工业遗产的保护内容、工业遗产目前所面临的威胁以及保护工业遗产的途径。《无锡建议》的正式颁布，标志着中国工业遗产保护迈出了实质性步伐，将保护好不同发展阶段有价值的工业遗存，给后人留下中国工业发展尤其是近现代工业化的风貌。

二、国内政策话语体系构建

如果把 2006 年看作我国工业遗产保护元年的话，自那以后政府部

＊　周岚，工业和信息化部工业文化发展中心工业遗产所所长；陈畅，硕士毕业于北京科技大学科技史与文化遗产研究院。

137

门从各自职能出发，表达了对工业遗产的关注，笔者整理了近年来工业
遗产相关政策文件，详见表 1。

表 1　近年我国工业遗产相关政策文件

时　间	主 发 部 门	文 件 名 称
2017.01	中共中央办公厅、国务院办公厅	《关于实施中华优秀传统文化传承发展工程的意见》
2021.09		《关于在城乡建设中加强历史文化保护传承的意见》
2017.01	国家发展和改革委员会	《关于加强分类引导培育资源型城市转型发展新动能的指导意见》
2020.06		《推动老工业城市工业遗产保护利用实施方案》
2021.11		《"十四五"支持老工业城市和资源型城市产业转型升级示范区高质量发展实施方案》
2016.12	工业和信息化部	《关于推进工业文化发展的指导意见》
2018.11		《国家工业遗产管理暂行办法》
2021.06		《推进工业文化发展实施方案（2021—2025 年）》
2016.07	住房和城乡建设部	《历史文化街区划定和历史建筑确定工作方案》
2021.01		《关于进一步加强历史文化街区和历史建筑保护工作的通知》
2006.05	国家文物局	《关于加强工业遗产保护的通知》
2014.09		《工业遗产保护和利用导则（征求意见稿）》
2018.06		《不可移动文物认定导则（试行）》
2019.12		《文物建筑开放导则》

　　总体来看，中办、国办从"中华优秀传统文化"和城乡建设中历
史文化保护传承的视角，关注工业遗产对传统文化的传承作用。国家各
部委从各自职能出发，从不同角度关注工业遗产：国家发展和改革委员
会从"资源型城市产业升级转型"出发，希望通过工业遗产带动老工
业城市、资源枯竭型城市转型升级；工业和信息化部主要从"工业文
化"角度出发，重视工业遗产所承载的工业文化，并在一定程度上强调

工业遗产的利用；住房和城乡建设部从历史文化街区、历史建筑的角度更关注工业建筑；国家文物局从"不可移动文物"的角度出发，关注工业遗产的性质、开放使用规范等方面。

三、工业遗产名单（录）

2006年，第六批全国重点文物保护单位名单公布，名单中第一次增设了"近现代重要史迹及代表性建筑"，其中9处是工业遗产。自此之后，第七批、第八批全国重点文物保护单位中工业遗产的数量越来越多。

为了加强保护工业遗产的针对性，不同部委机构还专门颁布了工业遗产的名单（录），工业遗产发布情况详见表2。其中比较有影响力的三种工业遗产名单（录）分别由工业和信息化部、国务院国有资产监督管理委员会，以及中国科协创新战略研究院和中国城市规划学会发布。

自2017年12月起至2021年12月，工业和信息化部共认定了5批国家工业遗产，涉及行业面更广，包含能源、交通、原材料、信息通信、装备、消费品、军工等行业大类，共计194个项目。作为工业和信息化主管部门，工业和信息化部发布的名单是业内公认最权威、最具公信力的。

自2018年6月起至2021年7月，国有资产监督管理委员会按行业类别相继6次发布了中央企业工业文化遗产名录，涉及核工业、钢铁行业、信息通信行业、石油石化行业、机械制造行业和军工行业6个行业，共107个项目。中央企业带头积极参与到工业遗产的保护中。国资委从"中央企业资产保护"角度出发，其优势在于行业划分细致，掌握涉及国家重大工程的项目信息，如核工业、军工业等。

2018年1月、2019年4月，中国科协创新战略研究院和中国城市规划学会联合发布了《中国工业遗产保护名录（第一批）》和《中国工业遗产保护名录（第二批）》，每批名录选取了100个有代表性的工业遗产，覆盖了造船、军工、铁路等门类，是具有代表性、突出价值的工业遗产。《中国工业遗产保护名录》作为学术研究成果，对于工业遗产价值和重要性的宣传推广，对遗产的保护起到了重要的推动作用。

表 2　工业遗产名单（录）发布情况统计表

时　间	名单（录）名称	发 布 机 构	数 量
2018.06	中央企业工业文化遗产（核工业）名录	国务院国有资产监督管理委员会	12
2018.11	中央企业工业文化遗产（钢铁工业）名录		20
2019.10	中央企业工业文化遗产（信息通信行业）名录		20
2019.12	中央企业工业文化遗产（石油石化行业）名录		15
2020.09	中央企业工业文化遗产（机械制造行业）名录		15
2021.07	中央企业工业文化遗产（军工行业）名录		25
2017	第一批国家工业遗产名单	工业和信息化部	11
2018	第二批国家工业遗产名单		42
2019	第三批国家工业遗产名单		49
2020	第四批国家工业遗产名单		61
2021	第五批国家工业遗产名单		31
2018.01	《中国工业遗产保护名录（第一批）》	中国科协创新战略研究院、中国城市规划学会	100
2019.04	《中国工业遗产保护名录（第二批）》		100

四、工业遗产相关政策趋势展望

由于河流具有航运和供水作用，在我国历史上大江大河沿线工业中心分布众多。近些年对于大运河、黄河流域、长江沿线的一系列保护政策措施中，工业遗产也被重视起来。

2020 年 7 月 1 日，国家文物局、文化和旅游部、国家发展改革委联合印发《大运河文化遗产保护传承规划》，将保护作为贯穿大运河文化遗产各项工作的基本原则，并围绕大运河价值和活态特性，提出了开展资源调查、提升保护层级、推动保护立法、落实属地责任、建立规划体系、加强协调管理、强化安全监管等全面强化大运河文化遗产保护管理相关工作要求，并根据水工遗存、革命文物、工业遗产、农业文化遗产、历史文化名镇名村、历史文化街区和传统村落等各类文化遗产特点，提出了分级、分类保护利用措施。①

2022 年 1 月，住房和城乡建设部发布了《"十四五"黄河流域生态保护和高质量发展城乡建设行动方案》和《"十四五"推动长江经济带发展城乡建设行动方案》。针对黄河，文件提出：

> 完成历史文化街区和历史建筑普查认定及挂牌建档。……重点调查兰州、西安、包头、太原、洛阳等重点工业城市。
>
> 开展工业遗产的活化利用行动。②

针对长江，行动方案文件提出：

> 推进历史文化街区划定工作。推进长江流域各省（直辖市）划定历史文化街区，将符合要求的老厂区、老港区、老校区、老居住区等划定为历史文化街区。
>
> 推进历史建筑普查认定及挂牌建档工作。加大长江流域各市县的历史建筑普查认定力度，将符合要求的公共建筑、工业建筑、居住建筑、构筑物和交通、水利等工程设施等确定为历史建筑。推动保护对象信息化建设，完善历史建筑测绘建档工作。③

因此，从上述分析来看，笔者总结出以下政策趋势：

第一，多部门协同。不同部门从自身不同职能出发，从不同角度关注工业遗产，今后不同部门将从多维度协同推进对工业遗产的保护

---

① 《推动新时代大运河文化遗产保护传承利用创新性发展——〈大运河文化遗产保护传承规划〉解读》.中华人民共和国国家发展和改革委员会：https://www.ndrc.gov.cn/xwdt/ztzl/dyhwhbhczly/zcjd/202010/t20201021_1248601.html?code=&state=123

② 《"十四五"黄河流域生态保护和高质量发展城乡建设行动方案》.住房和城乡建设部：https://www.mohurd.gov.cn/gongkai/fdzdgknr/zfhcxjsbwj/202201/20220124_764232.html

③ 《"十四五"推动长江经济带发展城乡建设行动方案》.住房和城乡建设部：https://www.mohurd.gov.cn/gongkai/fdzdgknr/zfhcxjsbwj/202201/20220124_764232.html

利用。

第二,措施体系化。从工业遗产单体保护趋向线性遗产保护,如大运河沿线、长江沿线工业遗产保护等;注重工业遗产保护与当地自然与人文环境的融合;注重遗产所在社区的共建和社会参与。

第三,目标更明确。无论是"人民城市为人民"的理念,还是鼓励工业遗产活化利用中的创造性转化、创新性发展,工业遗产保护利用的核心还是贯彻以人民为中心的发展思想,让人民群众有更多的幸福感和获得感。

地区性工业遗产的保护与开发

——日本富冈制丝厂的申遗之路

关艺蕾[*]

摘要：作为日本目前"唯二"入选世界文化遗产名录的近代化遗产，富冈制丝厂及丝绸产业遗产群的申遗经验十分值得借鉴。作为与地区文化紧密结合的工业遗产，在申请世界遗产的过程中，群马县及各级地方政府的推动起到十分重要的作用。本文将富冈制丝厂工业遗产置于日本工业遗产保护与开发的大背景下，分析其入选理由，探究其申遗过程，并探讨在这一过程中地方政府起到的主导性作用，为以地区为单位的工业遗产的保护与开发提供新的视角。

关键词：工业遗产；世界文化遗产；富冈制丝厂

工业遗产（Industrial Heritage），根据国际工业遗产保护协会（简称 TICCIH）的定义，即工业遗产由工业文化的遗留物组成，这些遗留物拥有历史的、技术的、社会的、建筑的或者是科学上的价值。这些遗留物具体由建筑物和机器设备，车间，制造厂和工厂，矿山和精炼处理遗址，仓库和储藏室，能源生产、传送、使用和运输，以及所有的地下构造所在的场所组成。与工业相联系的社会活动场所，如住宅、宗教朝

---

* 关艺蕾，京都大学文学研究科博士研究生，2017 年毕业于华中师范大学历史学基地班。

拜地或教育机构都包含在工业遗产范畴之内。① 在日本，工业遗产则被翻译为"产业遗产"。

20 世纪 50 年代该概念被提出并流行于英国，当时随着科技革命的发展，工业革命时期的机器、工具和设施逐渐被新的产品所取代。如何保存和研究这些代表了英国辉煌时代的"遗物"就成为一个新的课题。随着研究的推进，其对象也从工业革命时期扩展到其他时代，进而派生出了产业考古学这一新的学科②。因此，狭义上的工业遗产多指工业革命之后工业相关的遗产，在日本也称为"近代化遗产"，而广义上的工业遗产则包含了从古至今与"生产活动"有关的各类工程造物。

从工业遗产的具体内容上来说，主要分为工业遗迹和工业遗物两种。工业遗迹一般是指，一个工业系统中的矿山、工厂、建筑物、公共设施、土木工程的产物等，多为固定在特定场所中难以移动的遗产。工业遗物则是指包括机器、器具、车辆、船舶、飞机等构成工业系统的工具或者产品等，多为可以移动的事物，当然也包括部分不能移动的遗产。③

虽然各国对工业遗产的评价标准均有各自的体系，但最具权威性和宣传效果的则是由联合国教科文组织所认定的世界文化遗产，本文将以日本第一家近代化官营工厂富冈制丝厂的申遗经历为例，探讨以地方政府为主导的工业遗产保护与开发模式的运行方式及其可行性。

一、日本工业遗产保护的基本模式

日本作为亚洲最早实现工业化的国家，其产业遗产的种类和数目较多，虽然部分建筑和设备因为战争或者灾害而被摧毁，但是如三菱、三井等大的财阀，以及其他一些明治时期的企业，一直延续至今，相关企

---

① 刘伯英、冯钟平：《城市工业用地更新与工业遗产保护》，北京：中国建筑工业出版社，2009 年，第 156 页。
② 高崎経済大学附属産業研究所編：『群馬産業遺産の諸相』，東京：日本経済評論社，2009 年，第 12—13 页。
③ 高崎経済大学附属産業研究所編：『群馬産業遺産の諸相』，第 13 页。

业的各类资产保存得较为完整，甚至有的设备和工厂历经百年仍处于生产的第一线，这为产业遗产的保护提供了一个相对稳定的环境。

20 世纪 70 年代之后，日本的学者开始关注明治时期由欧美导入的各种近代化工业的遗存，这类遗产又被称为"近代化遗产"。1977 年在民间创立了产业考古学会，并进行了一系列的研究活动，同时一些地方的博物馆和资料馆的馆员也对过去人们使用的工业产品产生了兴趣，并进行了多方面的收集活动。① 随着经济的高速发展，这些被飞速换代的工业产品伴随着一代人的记忆又成为地方博物馆的特色展品，后来也被认为是能够还原时代风貌的工业遗产。这些活动虽然保存了一部分珍贵的工业遗物，但仍停留在学术和个人活动的层面。这一时期的日本文化厅的工作重心是一个长达十年的近世（神）社寺（庙）建筑调查项目②，而经济的快速发展也让日本社会无暇顾及对这些触手可及的近代工业遗产的保护。

直到 1990 年日本文化厅启动全国近代化工业遗产的调查活动，才正式开始全国性的工业遗产的保护与开发。根据该计划，文化厅每年度指定 1—2 个都道府县，由地方自行进行调查，并以调查报告书的形式提交文化厅审核。而在地方一般由各府县的教务委员会组织地方上的学者组成调查委员会，负责调查和撰写报告书。第一批被指定的地区就是群马县和秋田县，③ 而之后日本第一个获得世界遗产认证的近代化遗产富冈制丝厂正坐落于群马县的富冈市。根据群马县和秋田县的报告，1993 年秋田县的藤仓水源地水道设施和群马县的碓冰峠铁路被指定为"重要文化财"，这也是工业遗产在日本第一次被国家指定为文化遗产④。1996 年随着《文化财保护法》的修正，作为文化财指定制度的补充，日本正式确立了文化财登录制度，目的在于更为广泛、全面地对

① 高崎経済大学附属産業研究所編：『群馬産業遺産の諸相』，第 15—16 页。
② 上毛新聞社：『絹の国拓く：世界遺産「富岡製糸場と絹産業遺産群」』，群馬：上毛新聞社事業局出版部，2014 年，第 6 页。
③ 高崎経済大学附属産業研究所編：『群馬産業遺産の諸相』，第 16—17 页。
④ 高崎経済大学附属産業研究所編：『群馬産業遺産の諸相』，第 17 页。

文化遗产进行保护，首先是将建筑 50 年以上具有保护价值的建筑物纳入文化财的范围内，随后又将有形的民俗文化财、有形文化财（美术工艺品）以及纪念物列入登录范围。1997 年近代化遗产全国会议在群马县召开，会议之后的 1998 年日本全国近代化遗产活用联络协议会成立，该组织由拥有指定文化遗产的各级地方政府组成，同时也接受了一部分企业、非营利组织、志愿团体及个人加入，以促进近代化遗产的保护和利用为目的，并通过激活传统产业、保护历史城镇景观等地区特色资源打造新的文化旅游产品，促进地区经济的发展。[①] 此后该组织也作为民间顾问组织与文化厅积极合作，宣传和推广工业遗产。

　　除了文化厅之外，经济产业省也是近代化工业遗产保护的负责部门之一。随着工业遗产保护事业的发展，经济产业省为了实现地区的活性化，向各地政府公开征集了能够代表前人脚步的近代化遗产，以尽可能地促进各地区工业遗产价值的普及为目标，成立了产业遗产活用委员会。该委员会在 2007 年至 2008 年期间对各地的工业史进行考察，以确定各地区工业遗产的保存状态以及保护和利用的情况，随后按照调查的结果发表了《近代化产业遗产群 33》，将总计约 450 个工业遗产根据不同主题囊括进 33 个遗产群中，对日本的工业遗产进行了系统性的统计和总结。随后又发表了《近代化产业遗产群续 33》。这一系列调查与研究活动也为后续日本政府以遗产群的形式申请世界遗产认证打下了基础。继经济产业省之后，内阁官房也在 2012 年 5 月 25 日的会议上，决定成立产业遗产的世界遗产登录推进室这一新的机构。成立该机构主要是为了协调产业遗产的保护跟负担保护工作的企业和组织的经营之间的矛盾。

　　就日本现存工业遗产的保存方式，根据保护机构的不同主要分为以下两类，一类是由企业自行收集、保护和研究，另一类则是由地方政府进行保护和开发。这两者在用途和开发方向上又有不同。由企业自行保

---

① 　『全国近代化遺産活用連絡協議会規約』，https://www.zenkin.jp/aboutus。

护并开发工业遗产是日本工业遗产保护的主要形式之一，这种保护有时候并不是为了振兴地方旅游业，而仅仅是为了保存自身的历史，并将之作为企业文化的一部分用来提高企业的向心力。因此就其目的的不同，在保护的方式和开发的方向上也存在区别。其中又分为三类，其一为仍在使用但具有工业遗产价值的资产，例如东横山发电所、住友金属工业位于兵库县尼崎市的特殊管理事业所。这类资产由于仍在行使其本身的职能，不存在对其进行再利用的问题，它们大多不向大众开放。

其二为用于构建企业文化的资产，主要以纪念馆、博物馆的形式进行开发和保护。例如 TAKARA BELMONT 的理发美容用椅子展示馆，大日本屏幕制造的"旭山的森林"，TOTO 的历史资料馆，住友金属的别子铜山，ITOKI 史料馆，MAZAK 的工作机械博物馆等。这类遗产由于企业自身保存的缘故，保存更加完整，且能够全面地体现企业的发展轨迹和文化特点。保存的产品内容丰富，即便是限量品也能够保存，对工业遗产特别是工业遗物的保护有积极的作用。同时，企业通过自身的历史构建企业文化，而利用这些资产能够将企业文化具体化，直观而清晰地向新员工向大众传达企业的文化和精神，增强其对企业文化的认同感，提高企业向心力。例如住友金属的新职员，在入职培训时都要到别子铜山登山，亲身体验住友金属的过去。而 MAZAK 的工作机械博物馆也常用于新职员的入职培训，往往聘用退休职工作为讲解员，为参观者梳理机床发展的脉络，使其对自身所处的企业定位有更清晰的认识。这类场馆虽然其中一部分也对外开放，但其主要目的仍然是作为企业文化的载体用以增强员工黏性，所以在交通、选址等方面缺乏一些商业化的考虑。

其三为作为对外宣传窗口的资产，比较知名的有丰田的丰田产业技术纪念馆，虽然同是建于厂房旧址之上，但其规模之大，内部陈设之丰富、体验板块之充实，在企业文化展示和商业化之间取得了较好的平衡。这种模式虽然对加深大众印象，提高企业品牌形象有积极作用，但对企业来说有一定的门槛，更多是起一种锦上添花的作用，因为企业文化价值很大程度上依赖企业本身的大众认知度。也因此虽然有许多历史悠久的企业都建立了纪念馆和博物馆，但其目的更多的是对内的巩固，而不重视对外宣传的功能，这一点在选址和配套服务上体现得尤为明显。

另一类由地方政府负责保护和开发的工业遗产，在开发方向上与企业保护的方式略有不同，主要与地域文化相结合，着重开发其在文化旅游领域的作用。这些遗产有的是已停产的企业，仅留下了零碎的几件物品；有的企业尚存但工厂已经搬迁，原工厂的厂房等就作为工业遗产供人参观；有的因为与地方经济息息相关，所以将部分资料提供给当地的资料馆和民俗馆，作为主题展览开放实现再利用；还有一些矿山，受到煤炭地位的衰落以及矿山自身储量的限制，多在 20 世纪中期左右就已停产，现在由于工业遗产的重新开发，由地方或者自治体出资，作为观光景点开放，实现工业遗产的再利用。

由地方政府主导的具有地域性的多产业零散遗产的保护和开发之中，隶属于世界遗产"明治日本的产业革命遗产群"的尚古集成馆十分具有代表性。尚古集成馆原为 1865 年建成的机器工厂，也是日本最早的西式工厂之一，现在其原址上改建纪念馆。因其是日本早期学习西方技术之所，并没有明显的行业划分。不过由于日本当时富国强兵的需要，其产品和技术多属于重工业，尤其是军事工业范畴。因为"集成馆"本是萨摩藩藩主所创，创立年代早，且经过了多次战乱和社会动荡，并未成立企业。这种断代的工业遗产，不仅实物十不存一，留下的也多是一些文献材料以及当时建造的房屋，对于这类遗产，政府和自治体自然也就成为保护和开发的主力。通过将原址房屋改建为纪念馆的方式，进行保护和开发是比较常见的形式，因为保存下来的产品数量较少，但种类多样，纪念馆这种展示方式，能够极大程度地遮掩遗物不足的缺点，而大量的文献材料反而能够更加鲜明地展示出当时的情景。同时添加一些仿制的产品，也可以填补展品的不足，让游客更加直观地理解文献记载中的种种产品。

地方政府保护开发工业遗产的实践中，另一个代表性的案例就是位于群马县富冈市的富冈制丝厂。该工厂虽然是日本最初的官营工厂，但随着 19 世纪末私有化的进程，自 1893 年私有化之后直至 1987 年一直作为企业保持生产，因此其厂房和设备均完整地保存了下来，在这一点上富冈制丝厂也具有企业保存资产的特质。但其代表性就在于，虽然其本质上是企业保存的资产，但其作为工业遗产的保护和开发实际是由地方政府主导的。所以其同时具备了企业保存的完整性和地方政府保存的系统化的特点，这也是其能在众多工业遗产中脱颖而出，获得世界遗产认证的一个重要因素。

二、世界遗产——富冈制丝厂和丝绸产业遗产群

富冈制丝厂最初是 1872 年作为明治政府殖产兴业政策的一部分而设立的官营模范工厂，在法国人保罗·布吕纳（Paul Brunat）的指导下设计建造，没有使用日本主流的手动座缫机，而是从法国进口了需要 300 人操作的机械缫丝机，他还根据日本女性的体格和日本的湿度将机器进行了改良，设计出了适合日本国情的机械缫丝机。富冈制丝厂不仅是日本第一个机械化的官营工厂，同时还是当时世界上规模最大的缫丝厂，在日本近代工业史中占据着非常重要的地位。虽然该工厂在私有化之后一直运营到 1987 年，但究其历史价值则几乎全集中在模范工厂时期。所以想要理解富冈制丝厂的价值，就需要回到建厂之初寻找答案。

彼时蚕桑业是日本海外贸易的主要部分，虽然生丝的出口是日本的优势产业，但大藏省的涩泽荣一经认识到如果不改良技术，仅仅依靠传统的缫丝技术很快就会在竞争中处于劣势。所以他大胆地向时任大藏大辅的大隈重信建言，并获得了重视。当时的涩泽荣一虽有一腔热情却缺乏专业的知识，于是他向住在横滨八番馆的一位叫盖森的荷兰人请教，这位荷兰人建议他说："政府应该建立一个模范工厂，让全社会都来效仿，这对商业来说是好事，对国家来说也是非常有利的。要做到这一点，必须有一个知道如何处理纱线的人，但在日本没有一个真正知道

如何生产具有足够柔韧性的纱线的人，所以只能雇用我认识的一个叫布吕纳的法国人。"① 最终在 1871 年涩泽荣一接受他的意见雇用布吕纳并建立了富冈制丝厂。而布吕纳之所以选择在富冈建厂也是因为其认为该地有比较好的桑蚕业传统，适合教授民众且覆盖范围更广。后来涩泽荣一评价富冈制丝厂时说："经营模范工厂，告诉他们如何做才能生产出合格的生丝，其目的并不在于让他们追求盈利。生丝改良在明治三年左右开始，虽然后来成功了，但就富冈制丝厂来说其并没有因此获得多大的利益。富冈制丝厂的成果使全国各地都能建立起真正的缫丝厂。"② 可见富冈制丝厂建立的目的不是简单地提高工厂的生丝产量，而是将其作为示范工厂，让日本人学习当时先进国家的技术，并向全国派出学习了最先进技术的技术人员，以便在全国范围内提高生丝产量。③ 也因此，在这样的背景下建立起来的富冈制丝厂不仅带动了当地的丝绸产业发展，同时作为第一家模范工厂也将重视技术创新的精神也传递给了日后的企业，为日本工业的繁荣做出了贡献，甚至说富冈制丝厂是日本近代工业的发源地也不为过。

除了深刻且重要的历史价值，富冈制丝厂的保存状况也是其能够得到世界遗产认证的重要因素。在自然灾害频发的日本，明治初期的大型建筑几乎很难以其原始形态保存至今。明治时期（1868—1912），基于欧洲建筑技术的砖瓦结构被广泛使用，特别是在东京和其他大城市，但由于关东大地震的破坏，以及随后钢筋混凝土建筑的普及，砖瓦结构建筑的数量大幅下降。从建筑史的角度来看，其作为明治初期的西式大型建筑，能够以原始形态保存下来本身就极为罕见。在日本，大部分建筑的文化遗产都是江户时代及以前的，而明治时代以后的建筑近些年才开始引起人们的注意。像富冈制丝厂这样的大规模建筑群，在工业

---

① 渋沢栄一：「生糸経済研究」，『渋沢栄一伝記資料』第二卷，東京：渋沢栄一伝記資料刊行会，1955 年，第 521 页。
② 渋沢栄一：「生糸経済研究」『渋沢栄一伝記資料』第二卷，第 521 页。
③ 高崎経済大学附属産業研究所編：『群馬産業遺産の諸相』，第 135 页。

遗产中也十分少见。此外，在保护和开发上，当地政府的努力也不容小觑，在日本其他地方还没有任何城镇开发项目将这种规模的工业遗产作为城市的旅游资源，甚至将其作为振兴城市的核心来使用。① 因此，富冈制丝厂在被列入世界遗产名录时获得认可的"突出而普遍的价值"（Outstanding Universal Value），不仅包含了其作为政府在 1872 年建立的示范工厂的价值，还包含了其至 1987 年停止运营为止技术革新的历史，以及停止运营时的状况保存完好的价值②。

但是即便是文化价值高、保存状态完好、开发投入高的富冈制丝厂，仅凭借单独的工厂仍然不足以满足世界遗产所需的条件。因此在工厂的基础上，群马县政府将整个丝绸产业链纳入考虑，将其与群马县的地域文化和传统产业相结合，围绕丝绸产业统合成以富冈制丝厂为核心的一个完整的遗产群，即"富冈制丝厂和丝绸产业遗产群"。该遗产群除富冈制丝厂外还包括其他三个遗址，其一是位于伊势崎市的田岛弥平旧宅，它是由创造出重视通风的养蚕法"清凉法"的田岛弥平在 1863 年建造的主屋兼蚕室。内容包括瓦葺的二层小楼，二楼为了方便通风建造有上屋顶，是近代养蚕农家的原型。其二是位于藤冈市的高山社遗迹。它是高山长五郎为了传播其养蚕法所建立的教育机构。高山长五郎独创了"清温育"养蚕法。该方法通过调节通风和温度管理能够大幅度地提高蚕茧的质量，并通过高山社传播到全国甚至海外，成为日本的标准养蚕法。其三是位于下仁田町的荒船风穴。其利用岩石之间的冷风形成天然的冷藏设施，并在此基础上建造日本最大的蚕种储藏设施。该技术使养蚕次数从过去的一年一次增加到一年多次，对蚕茧的增产做出了巨大的贡献。③

---

① 高崎経済大学附属産業研究所編：『群馬産業遺産の諸相』，第 135 页。
② 岡野雅枝：「富岡製糸場の産業遺産としての保存活用——システムとして残し伝えるための一考察」，第 96 页。
③ 文化庁：『「富岡製糸場と絹産業遺産群」の世界文化遺産推薦について』，2012/12/12，https://www.bunka.go.jp/seisaku/bunkashingikai/isanbukai/sekai_ mukei/1_ 04/gijishidai.html。

根据日本政府公布的《世界遗产登录推荐书》，"富冈制丝厂和丝绸产业遗产群"作为世界遗产的意义在于，19 世纪后半叶在世界经济通过贸易实现一体化的过程中，其见证了高品质生丝的大量生产的实现，是代表当时技术交流和技术革新的集合体。该集合体的活动，在促进世界丝绸产业的发展和丝绸消费的大众化的同时，对日本经济的近代化起到了重要作用。① 具体来说，该遗产群主要符合世界文化遗产申报条件中的第二②和第四③项标准。第一，在高品质丝绸量产领域，该产业群是日本与世界相互交流的证明。明治政府在传统养蚕技术的背景下，引入了近代西方的技术，促进了日本国内养蚕与缫丝技术的改良，从而使高品质丝绸的大量生产成为可能。由此产生的日本成熟的养蚕与缫丝技术又传播至海外，促进了世界丝绸产业的发展。第二，该产业群是在世界丝绸产业中发挥了重要作用的技术革新的主要舞台。其中富冈制丝厂不仅见证了从手动座缫丝机到自动缫丝机的缫丝技术的发展历程。其建筑物④和各类遗产也是创新的养蚕技术开发和普及的代表性成果。⑤

可以说，该产业群是在日本传统的丝绸产业的基础上，以富冈制丝厂建厂为契机建立起来的丝绸产业链。虽然产业群集中在群马一县，但其影响力却遍布全日本乃至海外。通过结成产业群的方式，富冈制丝厂才终于走到了世界遗产的大门前。

---

① 文化厅：『富岡製糸場と絹産業遺産群世界遺産登録推薦書』，2013，https://bunka.nii.ac.jp/special_content/hlinkE。

② "在相当一段时间或世界某一文化区域内，对于建筑艺术、文物性雕刻、园林和风景设计、相关的艺术或人类住区的发展已产生重大影响的。"（文化部：《世界遗产及申报相关资料》，2006/11/24，http://www.gov.cn/govweb/fwxx/bw/whb/content_452746.htm）。

③ "构成某一类型结构的最富特色的例证，这一类型代表了文化、社会、艺术、科学、技术或工业的某项发展。"（文化部：《世界遗产及申报相关资料》，http://www.gov.cn/govweb/fwxx/bw/whb/content_452746.htm，2006/11/24）。

④ 富冈制丝厂的建筑物（特别是西蚕茧仓库），是日本与西方建筑技术相结合而建造的一种日本特有的产业建筑样式，即木骨砖瓦结构。建筑物作为大规模的红砖（赤炼瓦）造物本身也具有极高的历史文化价值。（高崎経済大学附属産業研究所編：『群馬産業遺産の諸相』，第 135 页）。

⑤ 文化厅：『「富岡製糸場と絹産業遺産群」の世界文化遺産推薦について』，2012/12/12，https://www.bunka.go.jp/seisaku/bunkashingikai/isanbukai/sekai_mukei/1_04/gijishidai.html。

三、富冈制丝厂和丝绸产业遗产群的申遗之路

1987 年富冈制丝厂的持有者片仓工业宣布停产，这宣告了富冈制丝厂 115 年的生产活动落下帷幕。而如前文所述，这一时期，虽然有部分有识之士在从事工业遗产的研究，但工业遗产这一概念尚未在日本普及，富冈也是如此。在这一时期形成的民间组织"富冈制丝厂爱好会"直至今日也一直积极开展着宣传活动。正如该会会长高桥所说："本会是在 1988 年，以向市民传达富冈制丝厂的价值和利用富冈制丝厂增强地区活力为目的，召集了约 20 位的有志之士前往市内外以及其他地区举办学习会和演讲会而发展起来的。随着 1987 年富冈制丝厂停工，为了防止可以被称作近代产业基石的宝贵的本地财产沦为摆设，这一组织的参与者们认为：本地市民不仅不能忽视富冈制丝厂的价值，更要以其为核心与地域文化和经济的发展结合起来。"① 当然仅靠个别的有识之士并不能负担富冈制丝厂保管和开发所需的庞大资金。在工业遗产的保护与开发上地方政府发挥着不可忽视的作用。

早在富冈制丝厂停产前，作为日本最初的近代化工厂，富冈制丝厂也一直是富冈市的地标性建筑。在 1972 年举办的"日本近代产业创业百年祭"上，时任富冈市教育委员会教育长的林喜代松就邀请片仓会社，收集并展出了片仓会社所保管的缫丝厂建立以来的相关档案、机械器具、生活用品、绘画照片等资料。并以此为契机邀请当地学者对这些资料进行了进一步的整理和研究，最终出版《富冈制丝厂志》上下两卷，成为研究富冈制丝厂历史的重要材料。对于编撰此书的目的，林喜代松回忆说："编撰的目的是明确把握富冈制丝厂设立在本市的背景和事实，特别是要将重点放在初创时期，从工业文化史的角度重新评价其价值。还将从生活史和工业文化史的角度对以与富冈制丝厂共存的本市

---

① 高崎経済大学附属産業研究所編：『群馬産業遺産の諸相』，2009 年，第 154 页。

为中心的地区的地方历史进行调查和研究，从而重新认识和评价该地区所独有的特质。"① 可见在当时富冈市政府就已经认识到富冈制丝厂与地域文化之间紧密的联系。这一次的研究活动也为之后申请世界遗产的资料收集奠定了基础。

为了最大限度发挥富冈制丝厂在地域文化上的作用，1984 年时任富冈市市长金井清二郎提出了"西毛②文化都市构想"的都市振兴计划，最初计划以富冈制丝厂的红砖（赤炼瓦）为中心统一市镇景观。并将包括警察局在内的多个公共设施外墙统一为红砖，以此最大限度利用富冈制丝厂的文化影响力。③ 红砖建筑可以说是明治日本工业革命的标志性产物，而在经济飞速发展的 20 世纪 80 年代，许多红砖建筑被更加现代化的建筑所取代。因此在全日本掀起了保存红砖建筑的运动，后来这一运动也得到了政府的赞同，1988 年国土厅对这些建筑提出了"就地保存"的倡议。④ 而这一项活动让人们认识到了这些近在咫尺的历史建筑物的文化价值，也正是以此为契机，1988 年文化厅开始着手近代的产业、交通、土木工程相关建造物（近代化遗产）的概要调查⑤。如前文所述，1990 年群马县和秋田县成为第一批调查地区，而之所以选定群马也和富冈制丝厂这个日本最初的工厂的存在息息相关。当时负责此事的县教委文化财保护科在接到这一任务时，对于什么是工业遗产几乎毫无概念。于是同年 5 月县政府召集了专家及相关人员 100 多人举行了近代化遗产调查说明会⑥。由于负责调查的各级教委的职员大多从事出土文物保护相关的工作，对工业遗产知之甚少，而当时对于工业遗产在日本也没有一个明确的标准，因此经过最初的调查，全县共发现

① 富岡製糸場誌編さん委員会編：『富岡製糸場誌・上』，群馬：富岡市教育委員会，1977 年，序。
② 特指群马县以高崎市为中心的西南部地区，由高崎市、藤冈市、富冈市、安中市等共 4 市 2 郡 3 町 2 村组成。
③ 高崎経済大学附属産業研究所編：『群馬産業遺産の諸相』，第 147—148 页。
④ 上毛新聞社：『絹の国拓く：世界遺産「富岡製糸場と絹産業遺産群」』，第 4 页。
⑤ 上毛新聞社：『絹の国拓く：世界遺産「富岡製糸場と絹産業遺産群」』，第 6 页。
⑥ 上毛新聞社：『絹の国拓く：世界遺産「富岡製糸場と絹産業遺産群」』，第 7 页。

了近千件"近代化遗产"，这之中有 20% 都是和丝绸产业相关的。经过
了第一年的初筛，第二年又进一步对 120 件左右的近代化遗产进行了深
入的调查，在此基础上完成了文化厅要求的报告书。[①] 如前文所述，这
一调查之后，碓冰峠铁路成为第一个被指定为国家重要文化财的工业遗
产。随后以文化厅的调查为基础，工业遗产再利用的声浪逐渐扩大，在
群马县，以本地报社上毛新闻社为中心在 1994 年至 1999 年间举办了名
为"在城市建设中活用工业遗产"的活动，在调查活动中担任调查员
的国立科学博物馆的清水庆一担任讲师，持续向社会宣传利用工业遗产
培养地域文化的理念。随着 2001 年"石见银山遗址"[②] 入选世界遗产
暂定名录，清水看到了日本的工业遗产成为世界遗产的可能性。但是这
时的富冈制丝厂甚至未被指定为国家的重要文化遗产，因此政府的其他
官员没有太大的信心，也就没有积极推进这一提案。[③] 直到 2003 年小寺
弘之知事才重新开启了富冈制丝厂的申遗计划。

　　2004 年 4 月在县政府内设立世界遗产推进室专门负责申遗事项，
11 月又设立了富冈制丝厂世界遗产登录推进委员会，12 月由群马县知
事、富冈市市长、片仓工业社长共同签署了确认书。确认书内容包括：
第一、重要文化财的申请，第二、获得指定后土地国有化，第三、以世
界遗产登录为今后的目标。由此片仓工业正式将包括富冈制丝厂在内的
一切土地、厂房、设备转交给富冈市政府[④]，富冈制丝厂自此开始了由
地方政府为主导的，作为工业遗产保护和开发的新征程。2005 年 4 月，
富冈市政府设立"富冈制丝厂科"专门负责缫丝厂的管理。同年 7 月，
富冈制丝厂被认定为国家指定史迹，9 月完成移交后，10 月政府正式开
始管理缫丝厂。2006 年 1 月，富冈市与片仓会社正式签署土地国有化

---

①　上毛新闻社：『絹の国拓く：世界遺産「富岡製糸場と絹産業遺産群」』，第 11 页。
②　该遗产虽然被认为是工业遗产，但其历史价值更多地体现在 16、17 世纪，所以也有
　　观点认为其不属于日本定义上的近代化遗产，继而认为富冈制丝厂及丝绸产业遗产群
　　是日本第一个入选世界遗产名录的近代化遗产。
③　上毛新闻社：『絹の国拓く：世界遺産「富岡製糸場と絹産業遺産群」』，第 15 页。
④　具体移交完成的时间为 2005 年 9 月。（上毛新闻社：『絹の国拓く：世界遺産「富岡
　　製糸場と絹産業遺産群」』，第 17 页。）

协议，至此富冈制丝厂彻底进入政府运营的阶段。同年7月，缫丝厂、东西两个蚕茧仓库、锅炉房、首长馆和铁水槽等建厂初期的各类建造物被认定为国家指定重要文化财。①

2006年9月28日，文化厅举办了对世界文化遗产相关地方公关团体的说明会，会上提出文化厅下属世界文化遗产特别委员会将接受来自各个地方团体的申请，随后通过审查来决定是否向联合国教科文组织推荐。随后10月份和11月份县内召开了共同提案市町村说明会，11月29日由县和市町村共同提出了《提案书》，该提案书一共推荐了薄根的大桑树（国家指定天然纪念物）、荒川风穴、栃窪风穴、高山社发源地、富泽家住宅（国家重要文化遗产）、赤岩地区养蚕农家群（国家重要传统建筑物群保存地区）、旧甘乐社小幡组仓库、旧富冈制丝厂（国家指定历史遗迹和重要文化遗产）、碓冰岭铁路设施（国家重要文化遗产）和旧上野铁路关联设施共10处遗产，② 并提出了较为详细的保存管理计划。

该计划提交之后，由世界文化遗产特别委员会进行调查和审议，并通过文化审议会文化遗产分科会决定是否加入推荐列表，2007年1月23日该计划被列入暂定案例一览表，随后由世界遗产条约相关省厅联络会议决定是否追加至推荐名单中，2007年1月30日由世界文化遗产委员会事务局公布为暂定推荐案例。到进入文化厅推荐名单为止的过程似乎一帆风顺，然而对于群马县的考验才刚刚开始。2007年6月29日，日本文化厅向联合国教科文组织世界遗产委员会提交了追加记载案例的报告。随后由文化厅和县市町村各单位共同进行"推荐"的准备工作。其中最重要的莫过于推荐书的撰写，就其内容而言，第一是需要完善的保护措施，例如文化遗产保护法的修订和完善，缓冲地带的设置以及保存管理计划等；第二是学术委员会的意见，例如该遗产的概念、突出而

---

① 富岡製糸場世界遺産伝道師協会：『富岡製糸場事典』，群馬：上毛新聞社，2011年，第21页。
② 「富岡製糸場などが世界遺産暫定リスト入り」，『上毛新聞』，2007年1月24日。

普遍的价值以及遗产的真实性和保存的完好程度；第三则是海外专家的意见。该推荐书需要经过文化厅的文化审议会世界文化遗产、非物质文化遗产部会与国家的世界遗产条约相关省厅联络会议两级的审查，最后才会由文化厅向世界遗产委员会提交。

为了通过审查，群马县知事拜访了驻教科文组织的日本政府代表，向他寻求建议，近藤代表提出，想要获得认证就必须要准确地向外国人传达出富冈制丝厂的核心价值，除了用英文写作以外，也需要对提交的工业遗产进行筛选，明确遗产群的主题。[①] 为了达成这一目标，2009 年 7 月成立了"县世界遗产学术委员会"，专门负责遗产构成和推荐书内容的撰写。也是在这个会议上提出了不能仅仅强调富冈制丝厂单个工厂的价值，而是要将包括养蚕在内的丝绸产业链作为整体凸显其在技术革新上的意义。该会议讨论决定将提案书中的 10 处遗产缩减为 6 处，而在 2010 年举办的"第二次国际专家会议"上又加入了田岛弥平旧宅这一新的遗产。在这 7 处资产中，富泽家住宅这处遗产虽然是从江户时代以来保存至今，象征着传统养蚕业历史的建筑物，却因为与富冈制丝厂所代表的技术革新联系不紧密，最终被排除在产业群之外。伴随着痛苦的筛选过程，以富冈制丝厂为核心，与之联系不紧密的部分被一处处排除，申请书中的遗产最终被修改为 4 处，分别是：富冈制丝厂、田岛弥平旧宅、高山社遗迹和荒船风穴。经过了日本国内各个专家和政府机关的层层审查后，富冈制丝厂产业群终于进入了申遗的流程。

除了推荐书的撰写，为了满足世界遗产在保存措施上的要求，同时也是为了保护富冈制丝厂作为文化遗产的价值，并以积极的方式向公众开放，富冈市分别于 2008 年和 2012 年制订了《史迹·重要文化遗产（建筑物）旧富冈制丝厂保护与管理计划》和《史迹·重要文化遗产（建筑物）旧富冈制丝厂维护与利用计划》。[②] 对需要保护对象的界限、

---

① 上毛新聞社：『絹の国拓く:世界遺産「富岡製糸場と絹産業遺産群」』，第 15 页。
② 岡野雅枝：「富岡製糸の産業遺産としての保存活用——システムとして残し伝えるための一考察」，第 87 页。

保护方式、管理方式、开放方式、修缮方式等在保护和开发所涉及的方方面面均有详细的规定。

2013 年 1 月文化厅正式向联合国教科文组织提交了推荐书，该推荐书由英文撰写，共 764 页，除文字资料和保存计划之外，推荐书还包含了大量的地图、调查报告、照片，同时附有影像资料，全方位多角度地展示了遗产群的价值。推荐书提交后富冈制丝厂遗产群迎来了它们真正的考验，那就是来自国际纪念物遗迹会（ICOMOS）的审查。国际纪念物遗迹会从 2013 年 9 月开始组织专家对富冈遗产群进行实地考察，并提出了更多的资料要求，随后 10 月由文化厅向国际纪念物遗迹会提交了附加信息，直到 2014 年 4 月国际纪念物遗迹会才结束考察并对日本文化厅给出了具体的意见。同年，在卡塔尔举行的第 38 次世界教科文组织世界遗产委员会的会议上，富冈制丝厂和丝绸产业遗产群最终被认定为世界文化遗产。

结　论

富冈制丝厂和丝绸产业遗产群从富冈制丝厂停产的 1987 年到入选世界文化遗产的 2014 年为止，一共经历了近 20 年的时间。在这 20 年中，地方政府在遗产群的保存和开发上发挥了重要的作用。相较于其他地区，群马县政府在工业遗产概念还未普及的 20 世纪 70 年代就已经认识到富冈制丝厂在产业文化领域的价值，并认识到其在构筑地域文化中的重要作用，不仅收集和编纂了富冈制丝厂的相关文献资料，还以该厂为核心进行城市建设，打造以工业遗产为核心的城市文化和旅游产品。在富冈制丝厂停产后，地方政府抓住了近代化遗产调查和世界遗产申请的机遇，成功实现国有化，并以此为基础主导并推动了申遗计划的成功。

富冈制丝厂和丝绸产业遗产群申遗的成功不仅体现了地方政府在工业遗产保护和开发上的积极作用，也为我们提供了宝贵的经验。即不局限于一地一厂，以一个明确且具有广泛意义的遗产为核心，通过特定的主题或是产业将周边的相关遗产统合起来，以遗产群的形式展示，往往能够更好地突出其价值。而在统合的过程中，地方政府互相串联，积极协作，虚心请教的态度也至关重要。可以说如果没有群马县政府和富冈市政府的积极推动，没有藤冈市和下仁田町等地方政府的配合，富冈制丝厂也会像其他未入选的工业遗产一样被阻隔在世界遗产名录之外。

华中师范大学历史学专业工业与手工业题材硕博士学位论文统计（1998—2022）

文子曦　申　宇[*]

　　为纪念华中师范大学成立 120 年，我们对 1998 年以来华中师范大学历史文化学院与中国近代史研究所有关工业与手工业题材的硕博士学位论文进行了统计，以学术的薪火相传来看该校对于中国工业文化的贡献。本统计的整理者为华中师范大学大数据与历史专业、中国近代史研究所 2022 级硕士研究生文子曦、申宇。限于整理者水平，本统计的疏漏之处有待将来进一步完善。

博士学位论文			
篇　　名	作　者	指导老师	毕业年份
中间经济——传统与现代之间的中国近代手工业（1840—1936）	彭南生	章开沅	1998
云南早期工业化进程研究（1840—1949）	陈征平	朱　英	2001
晚清企业制度思想与实践的历史考察	严亚明	朱　英	2003
中国近代股份有限公司形态的演变——刘鸿生企业组织发展史研究	江满情	马　敏	2003

---

　　[*]　文子曦、申宇均为华中师范大学中国近代史研究所硕士研究生。

华中师范大学历史学专业工业与手工业题材硕博士学位论文统计（1998—2022）

博士学位论文

篇　　名	作　者	指导老师	毕业年份
政治变迁中的中外企业竞争——福公司矿案研究（1898—1940）	王守谦	朱　英	2007
近代武汉公用事业研究——以电气、自来水为中心（1906—1938）	向明亮	彭南生	2010
从"自由市场"到"统制市场"：四川沱江流域蔗糖经济研究（1911—1949）	赵国壮	朱　英	2011
浙江农村副业研究（1911—1939）	余　涛	彭南生	2012
民国时期铁路工人群体研究	孙自俭	朱　英	2012
战略性工业化的曲折展开：中国机械工业的演化（1900—1957）	严　鹏	彭南生	2013
上海电话事业研究（1882—1949）	霍慧新	朱　英	2013
中国汽车工业的早期发展（1920—1978年）	关云平	彭南生	2014
云贵高原近代手工业研究（1851—1938）	熊元彬	彭南生	2015
近代景德镇瓷业与社会变迁研究（1903—1949）	李松杰	田　彤	2016
传承与嬗变：近代成都城市手工业研究（1891—1949）	张　杰	彭南生	2016
中国合众蚕桑改良会研究（1918—1937）	王　晨	郑成林	2016
市场环境与企业运营：近代苏纶公司发展之路研究（1895—1949）	邱晓磊	朱　英	2016
近代中国工业化进程中的边缘产业	李中庆	彭南生	2017
20世纪30—40年代广西工业化问题述论	唐湘雨	严昌洪	2017
汇聚与离散——郑州近代工商业研究（1904—1948）	顾万发	马敏；付海晏	2021

硕士学位论文

篇　　名	作　者	指导老师	毕业年份
近代工商同业公会的社会功能分析（1918—1937）——以上海、苏州为例	魏文享	朱英；黄华文	2001

硕士学位论文

篇　　名	作　者	指导老师	毕业年份
汽车与近代中国社会	马建华	何建明	2002
山东潍县农村手工业的近代嬗变（1912—1937）	张　静	彭南生	2003
羊楼洞茶区近代乡村工业化与地方社会经济变迁	定光平	彭南生	2004
民国后期的武汉手工业与同业公会（1940—1949）	田　艺	朱　英	2005
近代四川乡村手工业的变迁及其历史作用（1891—1937 年）	张　瑾	彭南生	2006
中国近代民族企业应变时局的策略研究——以抗战胜利前的裕大华纺织企业集团为例	宋红伟	彭南生	2006
南洋兄弟烟草公司烟叶基地建设（1905—1949）	刘巧利	马　敏	2006
近代江南地区缫丝业女工研究	杨　敬	陈　锋	2006
二十世纪前期豫北近代工业投资环境研究（1900—1936）	陈　轲	彭南生	2006
南洋简氏兄弟企业家精神研究	张国超	王玉德	2006
南京国民政府《工厂法》研究：1927—1936	饶水利	彭南生	2007
宋代私人企业管理研究	陆文静	张全明	2007
宋代襄阳地区工商业发展初探	冯　波	张全明	2007
裕大华纺织资本集团社会主义改造研究	史长瑞	郑成林	2008
齐鲁企业股份有限公司研究（1947—1949）——兼论中国国民党党营企业的特征	孔祥增	黄华文	2008
民国时期祁门红茶改良研究（1932—1941 年）	林小梅	彭南生	2008
论周村开埠与丝绸业的兴衰（1904—1939）	王本成	严昌洪	2009
北京自来水公司研究（1908—1937）	苏秀英	付海晏	2009
基督教与中国近代工业的改良（1895—1937）	秦武杰	刘家峰	2009
近代中国机械制造业与农村经济之关系研究（1890—1937 年）	严　鹏	彭南生	2010
近代水电公用事业与城市日常生活——以上海、天津、武汉为例兼论其他城市	鲜于文佳	严昌洪	2010

硕士学位论文

篇　　名	作　者	指导老师	毕业年份
传统与变迁：工业化背景下的近代济南城市手工业（1901—1937）	孟玲洲	彭南生	2011
建设委员会电业政策研究（1928—1937）——以长江中下游地区为例	王静雅	朱　英	2011
翁文灏的工业化思想研究	李希伟	彭南生	2012
南京国民政府时期的平汉铁路工人（1927—1937）	王　洁	田　彤	2012
20世纪二三十年代武汉纱厂工人研究	赖厚盛	田　彤	2012
抗战之后上海市棉布商业同业公会研究	宋　涛	魏文享	2012
抗战胜利后荣家企业研究（1945—1949）	孙晓飞	孙泽学	2012
抗战后苏州丝绸业的衰退原因分析（1945—1949）	侯丽华	魏文享	2012
历史文化视域下的武汉重工业遗产研究（1890—1960）	张　凯	姚伟钧	2013
高阳商会与近代高阳织布业研究（1906—1937）	李小董	马敏；付海晏	2013
湖北省棉业改良与推广研究（1927—1937）	王兆宁	彭南生	2013
中国苎麻产业发展研究（1860—1958）	李中庆	彭南生	2013
近代应城膏盐矿业研究（1853—1949）	马　佳	彭南生	2014
近代鄂东南煤炭的开发与运销（1875—1937）	孙　轶	彭南生	2014
武汉食品工业遗产研究	卢　锐	姚伟钧	2014
清代白盐井盐业与市镇文化研究	张崇荣	张全明	2014
民国时期汉口堆栈业研究	井园园	彭南生	2014
山东省办长途电话事业研究（1928—1937）	宋卫松	刘　伟	2014
战后武汉电信事业研究（1945—1949）	卞桂英	郑成林	2014
走出困境：大萧条时期上海华商棉纺业的危机与应对（1932—1936）	赵毛晨	朱　英	2015
1851年万国工业博览会研究	魏　冕	邢来顺	2015
北宋洛阳工商业发展探析	李　橙	张全明	2015

硕士学位论文

篇　名	作　者	指导老师	毕业年份
进口与自创——近代上海新药业发展（1888—1937）	林美云	魏文享	2015
产品层次与技术演变——近代中国造纸业之发展（1884—1937）	韩海蛟	彭南生	2015
济南、青岛近代工业及遗产保护研究（1896—1931）	刘　婷	姚伟钧	2015
中国企业与外国资本——汉冶萍公司对日借款研究（1896—1931）	许龙生	朱　英	2016
印刷与革命——中共领导下的印刷事业研究（1921—1945）	陈春兰	魏文享	2016
德意志帝国时期工业企业发展研究	干章典	邢来顺	2016
从轻化工到重化工："天"字号企业发展研究（1923—1937）	杨利强	彭南生	2016
农民进城打工与俄国城市社会变迁（1861—1914）	栾洪业	罗爱林	2017
法国重商主义政策推行成功的原因及影响	李向楠	詹　娜	2017
近代德国铁路建设及其与经济、政治互动研究（1835—1918）	宋彩红	詹　娜	2017
新中国成立初期中共对工商业的社会主义改造——以武汉为样本的研究	朱　力	彭南生	2017
制度与技术的双重变革：武汉城市手工业研究（1949—1965）	栗晨阳	彭南生	2017
周学熙的实业救国之路——基于社会关系网络的考察	谭艳平	段　钊	2018
建国初期私营企业工人政治认同建构研究（1949—1956）——以苏州鸿生火柴厂为例	于雯雯	孙泽学	2018
求生、反抗与革命——西北实业公司职工生存状态	郑彦星	郑成林	2018
1958年后联邦德国鲁尔工业城市的转型研究——以多特蒙德市和埃森市为例	王芳芳	岳　伟	2018
建国初期湖北省增产节约运动研究（1950—1952）	张培培	董恩强	2018
建国初期武汉纺织工人状况研究（1949—1957）	门世恩	魏文享	2019
华新水泥股份有限公司研究（1907—1953）	周江地	魏文享	2019

硕士学位论文			
篇　　　名	作　者	指导老师	毕业年份
抗日战争时期国民政府棉纺织业管制政策研究	张祥梅	付海晏	2019
抗战后失业工人救济研究——以武汉、上海为例（1945—1949）	刘　可	朱　英	2019
抗战时期民营机器厂研究（1937—1945）——以重庆顺昌铁工厂为例	鲁风萍	严　鹏	2019
国家、行业组织与产业发展——中国机床工具工业协会的创建与发展（1988—2016）	刘　玥	严　鹏	2020
近代水口山铅锌矿研究（1896—1944）	童　洁	严　鹏	2020
民国时期上海新亚药厂研究（1926—1949）	邢　蕊	魏文享	2020
重庆工商辅导处研究（1946—1948）	黄　蓉	郑成林	2020
14—16世纪英国啤酒业变迁中的政府因素	吴梦锐	沈　琦	2021
鄂南电力公司研究（1947—1951）	郑梦雅	郑成林	2021
闸北水电厂研究（1919—1934）	杨　欢	彭南生	2021
武汉民族资本棉纺织业的社会主义改造研究（1949—1956）	李　悦	江满情	2021
时间的针脚：江苏省鲁垛镇乱针绣行业发展史研究（1989—2016）	刘　璐	严　鹏	2022
近代湖北蚕丝业研究（1894—1949）	董歆文	严　鹏	2022
"宝瓶"里的消暑饮品：中国近代汽水业研究（1892—1949）	罗李宇颂	魏文享	2022
社会空间视域下印度殖民地时期的铁路建设与运营研究	张　越	王立新	2022
"大跃进"时期武钢建设研究	熊　俊	孙泽学	2022